The Postal System in Japan, 1874-1915
- In Commemoration of the Founder, MAEJIMA Hisoka

日本の郵便の歴史
前島密の時代の逓信事業 1874-1915

Publisher: Stampedia, inc.

Author : KATAYAMA Namio

Date of issue: Mar. 15th 2020

Number of Issue : 150

Price : 1,500 Yen (VAT excluded)

前書き

　2019 年 5 月開催の前島密没後 100 年記念の展覧会に出品させていただけるという機会をいただけたことは，逓信省のゼネラルコレクターである当方にとっては望外の喜びでした。しかしながら，逓信省それ自体を（又は中心に）扱うと本展示のように官制を中心に扱わざるを得ない部分が多く，一般の方はもちろん，伝統郵趣・郵便史にご興味をお持ちの方にもあまり面白みがないものになることを危惧しておりました。それにもかかわらず，拙作品をご覧になった方々からは，ぜひ出版を，という身に余るご希望を複数いただいたとのことで，主催者の吉田敬氏から出版の打診があり，この度拙作品が書籍（作品集）の形になることになりました。これもひとえに参観者の皆様及び展覧会を企画・運営していただいた関係者の皆様のおかげであり，感謝の言葉もございません。

　副題の「官制・管轄・局種・消印・取扱」の中でも，「消印」は「管轄」や「局種」と比較的結びついていることが知られています。例えば管轄ごとに異なったタイプの消印が使用されている例として，丸一型日付印（以下「丸一印」）ならば三行印や，「受取所」入り印があります。丸二型日付印（以下「丸二印」）も使用局が 1・2 等局に限られていましたし，櫛型日付印（以下「櫛型印」）のD欄☆も特定の局種により使用された消印です。

　この時期の消印の特徴は，事務毎に分かれていた消印が統一されたことにあります。特に郵便局が扱う非郵便事務（電信電話，為替貯金）に使用される消印（俗にいう非郵使用消）は「丸一印便号空欄」，「丸二印時刻欄空欄」，「櫛型印C欄★」として統一されました。しかしそれが 1915 年 6 月に「櫛型印C欄為替記号」が作られることで再び電信電話事務と貯金為替事務が分かれました。この時点で，逓信事業は櫛型印のC欄の表示形式により郵便事務（C欄時刻），電信電話事務（C欄三ッ星），貯金為替（C欄為替記号）の三つに分かれました。この流れは，1949 年 6 月に逓信省が郵政省と電気通信省の二省に分割されたことに繋がり，さらに郵政民営化の中で郵便事務と貯金為替事務が分けられて別会社になったこととも繋がっていると思えます。

　本展示ではこの様な観点を踏まえ，1874 年から 1915 年の約 40 年間の逓信事業をサブタイトルのように「官制・管轄・局種・消印・取扱」の観点から通時的に構成しています。関連する事項が飛び飛びになっており，ご覧になる方にはご不便をおかけすることになり大変申し訳ございません。しかし時系列に見るからこそ個々の逓信事業の関係が分かるということを念頭に置いてこのような展示になっていることを御了承いただけますと幸いです。

　もとより出品者側の基本的な勉強不足，知識不足に加えて，マテリアル不足，展示フレーム数の関係もあり，不完全な解説と限られた展示にならざるを得なかった点に関しましては，深くお詫びする次第です。なお，本作品集では，作品展示後に気付いたミスは修正しました。一部展示品や展示順が作品展示時とは異なっているものがあります。予めご了承いただけますと幸いです。

　また，本展示・説明で記載した管制・制度などの日付（施行日など）に関しましては，文献などによっては異なる日付で記載されている場合があります。このようなことが起こる主な理由として，法規類が制定された日付，官報や公報に記載された日付，実際にその法規類が施行された日付が異なる場合が多いことが挙げられます。また，中には正確な開始日がわかりにくいものもあります。調べられる限りでの正確な日付を記すように心がけておりますが，もし本書の記述に誤りがございましたらご教授いただけますと幸いです。

　今回の展示及び本書の発刊をきっかけとして，この分野に少しでも興味を持っていただけるようになりましたらこれに勝る喜びはございません。

令和 2 年 如月

片 山 七 三 雄

目次

前島密の時代の逓信事業 1874-1915「官制・管轄・局種・消印・取扱」

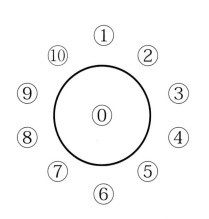

表紙のご案内

題：東京表示の消印と日付

中心を 0、頂上を 1 として時計回りに番号を振りました。それぞれの消印の意味は、各番号の次にあるリーフをご覧ください。

⓪ L.3　① L.4　② L.7　③ L.9　④ L.13　⑤ L.18
⑥ L.34　⑦ L.59　⑧ L.69　⑨ L.97　⑩ L.109

作品解説

　　用語解説：本展示では、官制の変更時に新旧の官制表記が混在している例、例
　　えば旧官制名の印刷がある封筒や式紙に、手書きや押印などにより新官制名に
　　訂正した例を「官制のサドル便」と呼びます。

二重丸印から丸一印の時代

　第1リーフはタイトルリーフとして、この時期の取扱事務と消印の関係を表で一覧し、本展示の趣旨と特徴をまとめておきました。

　第2リーフでは、中央管理局と地方管理局の流れを年表形式で一覧してあります。第3リーフは、駅逓寮の管理省庁が大蔵省から内務省へと移管された初日の「東京」表示の消印が押された郵便物です。タイトルリーフにも記載してありますように、この時期には東京「郵便局」は存在せず、駅逓寮の「現業」部署である発着課で使用したのがこの「東京」表示の消印です（第16〜18リーフ参照）。

　次の官制変更は、第4リーフの1877年1月11日です。この日に「駅逓寮」から「駅逓局」へと変更されました。この時の変化を示すのが第5リーフです。左は「駅逓寮（印刷）」の「寮」の字を「局」へと手書きで修正しています。さらにその左に押した印では「駅逓寮受付」の「寮」の字が削られているように見えます。それが二週間後の差出例では「駅逓局受付」表示の新規印を作成しています。これに安心したのでしょうか、「駅逓寮」の印刷の方はそのままになっている「官制のサドル便」です。

　この五日後の1877年1月16日に、工部省が管理局として「電信局」を設置しため、現業局の電信局を「電信分局」と改めました。第6リーフはこのことを示す「官制のサドル便」です。式紙の方は旧の「電信局」表示ですが、局所印の方は新の「電信分局」表示です。

　第7リーフは、逓信事業の管轄が内務省から農商務省（新設）へと移管される最終日（前日）と初日です。

　第8〜11リーフは駅逓区画法が施行されて地方管理のシステムが変更された時期です。駅逓区画法施行以前は、地方の逓信事業の管理は地方の府県庶務課等が扱っていました。そのため、第8リーフのように、郵便局ではない「府県」が無料の郵便御用向（郵便条例時代の「郵便事務」）で差し出した例があります。この例では中身も入っており、郵便関連の事務を府県の庶務課が扱っていたことが分かります。第9リーフでは駅逓区画法施行に関連する内容が印刷してある、施行日初日に駅逓局発着課（＝東京）差出、郵便局宛の葉書です。第10リーフの通信文と併せてお読みいただくと、駅逓区画法の施行時期の状況が分かります。第11リーフは、この駅逓区画法の施行により全国に設置された駅逓出張局差出の郵便事務封皮です。

　第12リーフは電信条例の施行に関連して発行された電信切手全額面です。この点は第27リーフでもう一度扱います。

　第13リーフは逓信省の新設で、農商務省時代の最終日と逓信省の初日の例です。続いて第14リーフでは逓信省設置後の内局の変遷及び各局・各課・各所で使用された切手上の消印例を示しました。

　逓信省の設置により電信事務も工部省から引き継いだため、様々な改革が行われます。その一つが

（西部）電信中央局の廃止と、電信分局に等級を定めたことであり、もう一つが公官庁（及び鉄道停車場）には電信取扱所を設けたことです。**第 15 リーフ**では一等電信分局（8 局）全てを展示し、鉄道以外の電信取扱所として公官庁の例を 4 所（逓信省の例は**第 76 リーフ**にあります。これ以外にも内務省等有）と、それ以外の 3 所を展示してあります。

次いで 1886 年 6 月 1 日、東京郵便局が駅逓局発着課から独立します。まず**第 16 リーフ**では、駅逓局発着課の付箋上に「東京」表示の消印が押してある例です。**第 17 リーフ**では、管理局である「駅逓局」の消印と、その現業である発着課の「東京」表示の消印の両方が押されている例です。そして東京局の開局が**第 18 リーフ**の例です。左例は東京局開局の初日初便です。

この一カ月後に地方の管理局が変更されます。既に地方は駅逓局及び同出張局が管理していましたが、地方逓信官官制施行により、各地方に「逓信管理局」を設置して当該地域の郵便局を管理させました。**第 19 リーフ**の左例はこの官制の初日で、この日から東京郵便局の管理が「東京逓信管理局」になります。右側がその「東京逓信管理局」の印刷封皮です。**第 20 リーフ**では「赤間関逓信管理局」と「岡山逓信管理局」の印刷封皮を示します。

次の官制の変更は、1887 年 4 月 1 日です。この日に「駅逓局」「電信局（管理局）」が廃止され、代わりに「内信局」「外信局」「工務局」が設置され、為替貯金が独立して「為替貯金局」が設置されます。この時に「管理局」としての「電信局」が廃止されたため、現業局の「電信分局」が再び「電信局」と名称を変えます。**第 21 リーフ**は、その内の「外信局」の付箋です、残念ながら郵便物は残っていません。**第 22 ～ 24 リーフ**は、為替貯金事務の独立のプロセスです。まず**第 22 リーフ**では、駅逓局の貯金事務を大阪・赤間関に出張所を設けることで分業したことを示します。そして**第 23 リーフ**では、為替貯金局ができて業務開始までの約三週間、引継ぎ・残務整理の「元駅逓局」の設置を示します。本例では貯金金額の領収通知書の「駅逓局」の印刷部に「元」を押捺しています。そして 4 月 1 日に駅逓局廃止、為替貯金局業務開始以後は、「駅逓局」の上に「逓信省為替貯金局」の印を押して訂正した「官制のサドル便」が暫く使われています（**第 24 リーフ**）。

説明の都合上、先に**第 26 リーフ**を扱います。1888 年 2 月 23 日に東京郵便局が焼失しました。その際一部の郵便物も焼失しましたから、念のため、送ったはずの貯金金額領収の通知を「再通知」した貯金事務です。

第 25・27・28 リーフは、電信に関する内容ですからまとめて扱います。まず**第 25 リーフ**は、新たな局種、「電信支局」の開局です。同一市内に二局以上の電信局がある場合は、一局以外を支局とすることになりました。下例のように、切手抹消印と局所印の表示が異なる「電報受取証」がそのプロセスを物語っています。切手抹消印は二つ前の「電信分局」表示です。「電信局」になった時点で「電信分局」の「分」を削るという対応もできたわけですが、本郷支局ではそのようなことを行なっていなかったことが分かります。局所印では新規の、というよりも正規の「東京電信局本郷支局」となっています。いずれによ、本郷局などのように支局に変更された局は、「電信分局」⇒「電信局」⇒「電信支局」と、わずか 1 カ月の間に局所が二度も変更されていました。

二重丸電信印は日付がないので、このような使用例でないと使用時期が分かりにくいです。しかし使用された切手と消印との組み合わせで、消印を新調しなかったと考えられる使用例、つまり「電信支局」が旧の「電信分局」「電信局」印を使用していたと考えられる例を推測できます。上段は「新橋」「品川」の電信支局時代に使われたと考えられる「電信分局」「電信局」印です。

第 27 リーフは、郵便と電信の統合のプロセスです。この統合により、郵便電信局という新たな局種が生まれたわけですが、当初は郵便などの料金納付と電報料金の納付に異なる「切手」が使われていましたし、消印もそれぞれ異なるものが使われていました。統合の第一段階は、「電信切手」上に「郵

便電信局」の二重丸電信印の使用です。これらは基本的に電報料金に電信切手しか使えない時代に開局した郵便電信局で使われたものです。次いで電信事務用に、郵便用の丸一印（主に便号空欄：以後「先行印」）を二重丸電信印の代りに使用してもよくなりました。それが第28リーフで、「先行印」確認局です。ところで、どの局で二重丸電信印廃止前に「先行印」を使用したのかは実例から推測するしかありません。長年にわたり実例にあたっていますが、便号空欄印ではこの14局から全く増えません。これらの空欄印の先行印として分類している中には、便号入りの郵便印の便号挿入漏れ、書留郵便用の便号空欄印、などの郵便事務用のものがある可能性がありますから、印色を含めて、調査や推測は慎重に行う必要があります。調査には電報用紙のカットが最適です。

　第一段目では、「先行印」を直ちに使用した長浜と青森の二月使用です。1889年2月14日以前に郵便電信局になった局には「郵便電信局」表示の二重丸電信印が配備されたでしょうが、以後に郵便電信局になった局の中で「先行印」使用局は「郵便電信（支）局」表示の二重丸電信印も使用したのかどうかの調査も必要になります。第二段・第三段の中では千葉局以後がこれに当てはまります。静岡までの三局は二重丸電信印が確認されています。

　見附局は開局日が1889年10月16日で、「先行印」と考えられる印の日付が1889年11月3日と非常に近いのに二重丸電信印が確認されています。この事情を開局と二重丸電信印の配備の時期により考えてみると、以下の三つのどれかだと想定されます。

1　開局と同時に「郵便電信局」の二重丸電信印が配備された
　1）　開局後ごく短期間二重丸電信印が使われ、直ちに「先行印」に切り替えた。
　2）　両印が同時に使用（併用）されていた。
2　開局時に二重丸電電信印の配備が遅れたので、それまで先行印で代用させた。

　最下段の三局は郵便電信（支）局開局直後の「先行印」が見つかっていますが、二重丸電信印が確認されていません。特に神戸兵庫と小浜は、開局日から考えると二重丸電信印は作成されなかった可能性もあります。

　この点は第37リーフとも関連しますからここで解説しておきます。第28リーフの時期は電信事務用に使用された消印は二重丸電信印が主流で、局により先行印を使用した併用期でしたが、1890年5月1日に二重丸電信印の使用が終了し、全て丸一印になりました。逓信省ができてからようやくこの日に郵便と電信の、切手面、消印面での統一がなされました。第37リーフは全てこの統一の初日になります。ところで、個々の局にとってこの日が丸一印使用開始「初日」であるかどうかを知るためには、第28リーフのような局別に「先行印」の有無の調査が必要になります。第37リーフの上二段は、現在の所「先行印」を発見していませんので、実質上の初日と仮に推定しておきます。第三段目は、既に「先行印」があることが分かっている局での使用例です。第四段目の「越後・柏崎」の例は、丸一印「電信」入の使用開始初日です。

　話を再び第27リーフに戻します。第二段は、電信切手発売停止後の使用例です。青森と赤間関の丸一印は日付が分かりますので明確に発売停止後の使用例とわかります。青森の例は第28リーフにもあるように「先行印」に茶色の空欄印も使われていますので、これは「先行印」として大丈夫でしょう。一方、中央の赤間関は便号入り印です。赤間関では「先行印」として丸一印の便号入と便号無の両方を確認していますので「先行印」と推定できます。最右列の例は二重丸電信印ですが、表示が「東京郵便電信局」です。この局の開局は1889年9月1日（第34リーフ参照）ですから、電信切手発売停止後の使用例ということが分かります。最後に第三段目ですが、郵便切手が「電信局」で使われた例です。旧小判茶1銭は1888年4月1日以後の使用例となり、相当遅い使用例です。なお、新小判の25銭と1円は従前の電信切手には存在する額面ですが、当時の旧小判切手にその額面が存在しなかったため、急遽新小判として発行されたものです。

第29〜31リーフまでの三リーフは、鉄道郵便係員の話です。1889年8月10日以後、郵便局員が鉄道列車に乗務して、丸一印・櫛型印の鉄道郵便印や未納不足印を使用しはじめました。ここでは神戸郵便電信局鉄道郵便係員、仙台郵便電信局鉄道郵便係員、東京郵便電信局鉄道郵便係員の三例を示してあります。二つの郵便事務封皮を見ると、様々な郵便業務を執り行っていたことが分かります。

第32〜34リーフは、郵便及電信局官制の施行です。ここでの最大の変更点は、郵便（電信）局が現業業務のみならず管理業務（以前は逓信管理局）をも行うようになったということです。第32リーフでは、この官制施行前に残務整理のために設置された「元」大阪逓信管理局長の達です。第33リーフはその逆の、新官制での管理局になる和歌山郵便電信局の達です。第34リーフは、官制施行初日です。

第35・36リーフでは、為替手数料の支払いに郵便切手を用いることになったことを示します。第35リーフは、制度改正に対応すべく切手を準備しておくようにという達です。第36リーフはその切手抹消例です。第一段目にその初日使用例、続く三段が大型印の額面別抹消例です。

第38リーフのように、為替取扱所という新しい局所が設置され、そこでも縦書丸一印が使用されました。第一段がその開局初日であると同時に、消印としても使用開始初日です。続く三段が額面別抹消例です。

ちょうどこの日、為替貯金局が郵便為替貯金局に変更されました。これに合わせて大阪、赤間関は「分局」になりました。第39リーフは、中央の「赤間関為替貯金局出張所」が朱二本線で消されて「赤間関郵便為替貯金分局」と訂正された「官制のサドル便」です。次いでその一年後、郵便為替貯金管理所に変更されます。第40リーフでは、上段にこの時の縦書丸一印の切手抹消例を全局示しました。下段は「郵便為替貯金局」の「局」を二本線で抹消して、「管理所」の加刷をした「官制のサドル便」です。

第41リーフは、鉄道行政が内務省から逓信省に移管される前後の鉄道郵便印です。

第42リーフは、郵便受取所の為替取扱開始です。より正確に言うと、為替取扱所から郵便受取所への局所変更です。第一段目では大阪瓦町為替取扱所の最終日と同郵便受取所の開局日の日付印です。第二段目では郵便受取所の開局日の使用例です。第三段目では、明治26年度中の郵便受取所の日付印です。この中で興味深いものが二点あります。第二段目右列の「鞆」は郵便受取所の開局日なのですが、日付印上の局種は「為替取扱所」のままです。また第三段左から二枚目の「仙台河原町」も、郵便受取所開局後28日たっても旧の「為替取扱所」のままです。いつまで旧印が使われたのかは今後の課題です。

第43・44リーフは、郵便及電信局官制の改正に伴う管理局の減少です。第43リーフ左例は、千葉県の管轄が千葉郵便電信局から東京郵便電信局へと変更されるサドル便です。右は、札幌郵便電信局が北海道全体を管轄するようになった初日です。第44リーフは鉄道の管轄が鉄道庁から鉄道局へと変更される最終日と初日の鉄道郵便印です。

第45・46リーフでは、為替事務と貯金事務の消印上の統合を示します。第45リーフは日付印検査簿ですが、貯金事務用の二重丸型日付印が1894年3月31日に終了していることが分かります。ところが第46リーフのように、管理する側の「郵便為替貯金管理所」では、この後少なくとも4年間は貯金事務用に二重丸型日付印を使用しています。

第47リーフでは、鉄道の現業局が独立し、鉄道作業局が出来たことを示しています。

　第 48 リーフでは、年賀特別取扱の開始を示します。この当時はこの取り扱いが指定局に限られていました。本二例がこの取り扱いを受けたことは、前年度の日付の到着印が押されていることから分かります。

丸二印の時代

　第 49 〜 54 リーフでは丸二印関連を扱います。第 49 リーフではその初日と考えられている「33 年 12 月 29 日前 6」の日付・時間の東京郵便電信局の丸二印（抹消印と到着印）です。ところが東京郵便電信局ではまだ丸一印も使用していたようで、第 50 リーフのように、33 年 12 月 29 日と、30 日の例があります。次に東京支局でも翌年 3 月 1 日から使用を開始したと考えられています。第 51 リーフでは東京本所支局での 2 月 28 日の丸一印（左例：最終日）と 3 月 1 日の丸二印（右例：初日）を示しています。この消印の形式上特筆すべき点は、日本の内国郵便用に初めて算用数字を用いたことと、時刻を（分数で、後に小数で）入れたことです。そして用途としても、電話を除く全ての逓信事業に用いられたことです。この点は次の櫛型印の形式及び用途に引き継がれています。まず貯金事務に使われた例が第 52 リーフです。第 53 リーフは為替事務に使われた例です。左の二局はいずれも電信事務を取扱わなかったので、「為替貯金」用に使われた丸二印になります。第 54 リーフは電信事務に用いられた丸二印です。

　第 55 リーフは、郵便為替証書線引譲渡規則施行に伴い、郵便局員が手形交換所に出張して為替証書を交換する制度の取扱例です。上段は、その手数料納付用の切手の使用された消印です。下段は為替金を受取人に支払ったことを通知する「為替金渡済通知書」です。通常ならば為替金は郵便局で払い渡すのですが、この例では手形交換所で払い渡したので、右上の払渡日付印が「交換払」になっています。

　第 56 〜 67 リーフまでは、1903 年 4 月 1 日の各種大改正を示します。まず第 56 リーフでは、その総覧です。郵便局の制度が大きく変わり、消印の統合がさらに進みました。そのため、郵便局の呼び方と、消印の用途が大きく変わります。例えば第一段目の菊 10 銭の例は、この日までは「広島郵便電信局で電信用に用いられた」という説明になりますが、翌日以後ならば「広島郵便局で電信・貯金・為替のどれかの用途に用いられた」となります。

　第 57・58 リーフでは、通信官署官制施行に伴う変化を、東京を例に示しています。詳細は第 57 リーフの表をご覧ください。第 57 リーフでは管理局の名前の入った消印を示しました。第 58 リーフではこの時に開局（独立）した東京の中央三局（郵便・電信・電話）を中心に、その前後を扱います。最右列の東京郵便局に関してはもう一度第 71 リーフで扱います。この中で興味深いのは、東京中央電話局は中央表示の消印が見つかっていないことと、東京中央電信局では、閉局後暫く「中央」を削って使用していたことです（第一段右から二枚目）。第 59 リーフは東京表示の最終日（すなわち東京郵便電信局の閉局日）と東京中央表示の初日（すなわち東京中央郵便局の開局日）の使用例です。この官制により支局制度は廃止されましたので、第 60 リーフの左例は「支局閉局日」の四谷で、右例は「二等郵便局開局日」の四谷です。第 59 リーフと比べると、東京局と四谷局の関係が大きく変わっています。従前は「本局—支局」の関係だったこの 2 局が、この官制施行により「東京通信管理局」の管理下でどちらも「二等局」という対等の関係になったのです。第 61 リーフは、この時の管理局である「東京通信管理局」差出の郵便事務封皮です。

　第 61・62 リーフは電話交換局官制の廃止に伴い、郵便局が電話事務を取り扱うようになった時の「官制のサドル便」です。第 62 リーフでは、京都「電話交換」局が京都「郵便」局へと訂正された例です。下の表に記載してありますように、京都電話交換局が廃止され、京都郵便局（郵便電信局

からの改称）にその事務が引き継がれた際、旧の式紙を利用した結果生じたものです。尚ここにある京都の丸一印の「電話」の箇所は本来ならば空欄になるべきですが、旧の消印がそのまま使われています。**第 63 リーフ**は「電話事務」です。金沢電話局の廃止に伴い、郵便局が「電話事務」を引き継いだのですが、引き継いだ方の金沢郵便電信局が金沢郵便局に変更されたため「電信」部を抹消しています。

　第 64・65 リーフは鉄道郵便局の開局関係です。**第 64 リーフ**の左例は、郵便電信局の係員が乗務した最終日です。右例は鉄道郵便局開局初日になります。**第 65 リーフ**では、その鉄道郵便局の付箋です。但し本例は、既に東京鉄道郵便局が閉局したのちに旧の付箋を使った例です。この鉄道郵便局はわずか半年後には閉局し、再び郵便局の鉄道郵便係員が車中取り扱いを執り行うようになりました（**第 70 ～ 74 リーフ**参照）。

　第 66・67 リーフでは、消印から見た場合に事務と消印の統一の最後となる、郵便局での縦書丸一印の使用廃止です（郵便受取所、郵便電信受取所では、まだしばらく縦書丸一印を各種事務に使用しています）。**第 66 リーフ**が縦書丸一印の最終日で、城端局も郵便電信局の最終日で、**第 67 リーフ**は貯金為替事務に丸一印の使用開始初日でもあり、高田局から見た場合には郵便電信局から郵便局への改称初日です。

　第 68 リーフでは、従前の電信局が郵便局に改定された時に「無集配」の二等郵便局になった局を展示しました。

　第 69 ～ 74 リーフは通信官署官制の改正です。わずか 8 カ月で通信監理局は廃止され、再び郵便局が地方を管轄するようになったため、東京中央郵便局（二等）は廃止され、再び東京郵便局（一等）が開局します。**第 69 リーフ**はその最終日と初日です。これに伴い、鉄道郵便局も廃止され、従前どおり管轄郵便局から鉄道郵便係員を乗務させることになりました。**第 70 リーフ**の左がその最終日、右が初日です。**第 71 リーフ**では、この時期に二つ前の時代（郵便電信局時代）の封皮を使用していますが、丸一印の「鉄道郵便／上野派出所」という消印が封緘として押されています。**第 72 リーフ**は、東京郵便局の郵便物日付印検査簿です。ここに東京郵便物が管轄する区間で、郵便係員が乗務前に消印を検査押印しています。

　第 73・74 リーフは、少し変わった係員の例です。**第 73 リーフ**は「青森郵便局船内係員」の未納印が押された葉書です。**第 74 リーフ**は、神戸郵便電信局（この郵便物差出時点では郵便局）の「継越鉄道郵便係員」が処理した書留郵便物です。

　第 75 リーフは、電話所の廃止、郵便局への引継ぎです。電話交換局の業務は、既に**第 61・62 リーフ**で見ましたように郵便局に引き継がれていました。ここでは広島の例です。細工町電話所は当初広島電話交換局にありましたが、後広島郵便局へ移転し「広島電話所」と改称し、最終的に閉所し広島郵便局が事務を引き継ぎます。

　第 76 リーフでは、逓信省の名称を冠した郵便局の開局です。逓信省が出来て以後、「潮止（又は汐留）」表示の電信取扱所が存在していました。これがいったん廃止され、1900 年 10 月 1 日に「汐止電信取扱所」として開局します。しかし郵便を取扱う局所は存在していませんでした。1904 年の年末に「逓信省構内」郵便局が開局しました。このリーフには丸二印時代までの消印を示してあります。

　第 77 ～ 80 リーフでは、1905 年 4 月 1 日の官制改革、つまり、「受取所」の廃止とこれに伴う「無集配三等郵便局」の開局、そして特殊取扱郵便物の抹消権限が与えられたことを示します。まず**第 77 リーフ**は、郵便電信受取所の最終日の使用例です。続いて**第 78 リーフ**は、無集配三等郵便局の開局初日の例です。それぞれ開局前の局所ごとに、「郵便電信受取所」「電信受取所」「郵便受取所」と分類しました。

　この無集配三等郵便局の開局に伴い、特殊取扱郵便物の取扱方法が変更されます。受取所時代には、特殊取扱郵便物は受け付けて番号票にその受取所名を記録しますが、切手の抹消は親局（本局）に任せていました。しかし郵便局時代になってからは切手の抹消をも行うことになりました。**第 79 リーフ**は、この点を間違えた使用例です。書留番号票には「門司　白」とありますが、これは「門司　白木崎郵便受取所」の意味で、さらに切手も抹消せずに「本局」に送っています。郵便受取所時代ならば正しい取扱いです。しかし差出日は 1905 年 4 月 1 日で、白木崎郵便受取所が白木崎郵便局になった初日です。したがって門司局ではまず本局名の「門司」を抹消し、「白木崎局」と訂正しています。切手抹消も本来ならば白木崎「郵便局」が行うべきところですが、こちらはやむを得ず前日までと同様に「本局」が処理しています。**第 80 リーフ**は正しい取り扱いがなされた初日使用例です。

櫛型印の時代

　第 81 ～ 84 リーフは、一・二等局での櫛型印の使用開始を扱います。**第 81 リーフ**は東京郵便局の例です。左は丸二印の最終日使用例です。年賀特別取扱期間終了後ですから、正規の日付です。右例は、櫛型印の初日使用例です。しかし、到着印の日付から名宛局には年末に到着していることが分かりますから、年賀特別取扱の元旦印であることが分かります。

　ところでこの櫛型印は、無集配局の場合 D 欄（D 欄に都道府県名が入っている場合には E 欄）に☆が入っているという特徴があります。**第 82 リーフ**はこの D 欄☆入印です。高輪はこの当時無集配局（集配開始は 1908 年 11 月 1 日）ですが、大阪高麗橋に関してはこの当時無集配局であったことが確認できません。**第 83 リーフ**も大変興味深く、無集配局の横浜桜木郵便局に「D 欄☆無」印が配給されていたことが分かります。それが同一郵便物上に「D 欄☆入」印と共に押されています。**第 84 リーフ**は時刻表示のバラエティーです。東京や横浜はどちらも X1 型（1 時間刻み）が使われていました。ところが例外的な時刻表示が存在します。右の東京の X3 型（3 時間刻み）は既に良く知られており、小包郵便（の分室）で使われたことが確実です。左の横浜の X3 型も東京郵便局同様に小包で使われた可能性もありますが、郵便物上で是非確認してみたいものです。

　第 85・86 リーフ、**第 90 リーフ**及び**第 94 ～第 96 リーフ**は、逓信省庁舎焼失とそれに伴う逓信省仮庁舎での取り扱いです。1907 年 1 月 22 日に火災により逓信省庁舎が焼失します。**第 85 リーフ**右例はその当日の午後便です。この時には逓信講習所で事務を取り扱っていました。そして 1907 年 5 月 14 日に仮庁舎が麹町区に落成します。そこでは「逓信省仮庁舎内」という消印が使用されました（**第 86 リーフ**）。しかし、同時に「逓信省構内」の消印も使われていました（**第 85 リーフ**左）。新庁舎は 1907 年 10 月に竣工し、落成は 1910 年 3 月 31 日です（**第 94 リーフ**）。

　この同日、郵便貯金局庁舎も落成します。郵便貯金局自体は**第 90 リーフ**のように、既に 1909 年 7 月 24 日に開局しています。この例は中央の「郵便為替貯金管理所」の印刷を「郵便貯金局」の印で訂正した「官制のサドル便」です。ところでこの葉書差出は**第 97 リーフ**以後の時期ですので、全体で二度の官制の変化が記されています。文章の二行目から三行目を見ると、「‥預入申込書当所に到着不致候に付精査の上一等局経由‥」と印刷されていますが「当所」の「所」が「局」に訂正されたのは「郵便為替貯金管理所」が「郵便貯金局」へと変更されたからであり、「一等局」の「一等」が「管理」へと訂正されたのは、地方の管理が「一等郵便局」から「逓信管理局」へと変更されたからです。

　第 95 リーフは郵便貯金局庁舎落成を機とした事務競技会開催の案内状ですが、中には地図も同封されていました（**第 96 リーフ**；下はこの郵便貯金局及同局原簿室を描いた絵葉書）。この地図には逓信省と構内郵便局も描かれています。構内郵便局の開局は 1910 年 5 月 5 日で、この日を以て仮

庁舎内の郵便局は閉局します。

　第87〜89リーフは帝国鉄道庁の設置から帝国鉄道院の設置です。この時点では既に鉄道国有法も施行されていました。第87リーフは帝国鉄道庁設置前後の鉄道郵便印、第88リーフはその関連封皮です。そして第89リーフは、逓信省から鉄道行政が独立し、帝国鉄道院が設置された日の鉄道郵便印です。

　第91〜93リーフは、三等局での櫛型印です（原則1910年1月1日使用開始）。第91リーフはこの初日を挟む櫛型印と丸一印の同時使用例です。左は同一局の丸一印最終日（抹消）と櫛型初日印が押されています。右は年賀特別取扱の櫛型印引受、丸一印最終日の到着印押しの例です。櫛型印をD/E欄「☆」の有無で分類すると、「D/E欄☆無」「D欄☆」「E欄☆（D欄文字）」の三種類が存在しますが、第92リーフはこのすべてが同一郵便物上に押された例です。愛知・御油駅前郵便局は櫛型印使用開始時期には無集配局で、D欄に県名の「愛知」が入っているためE欄に☆が入っていますが、1912年6月21日に郵便物集配事務を開始します。しかしその後もE欄に☆が入った櫛型印を併用していました。次に時刻表示で分類するとX1型、X2型（2時間刻み）、X3型の三つの時刻表示の櫛型印が存在します。第93リーフは、同一郵便物上にこの三種類の櫛型印が押された例です。

　第97〜106リーフは、1910年4月1日の官制の大改革です。この変化に関してはリーフ内に表を入れることができませんでしたので、次の1913年6月13日の変化を含めて（第116〜122リーフ参照）東京局を中心にまとめたものを下に入れておきます（表1）。

		1910年		1913年	
		-3月31日	4月1日-	-3月31日	4月1日-
郵便事務		東京郵便局	東京中央郵便局		東京中央郵便局
	同分室				D欄「分室」名
小包事務		東京郵便局	東京中央郵便局		東京中央郵便局
	同分室	*1		*1	D欄「分室」名
為替貯金		東京郵便局	東京中央郵便局		*3東京中央郵便局
	同分室				D欄「分室」名
電信事務		東京郵便局	東京中央電信局		C欄「電信局」
	同分室				D欄「分室」名
電話事務		東京郵便局	東京中央電話局*2		C欄「電話局」
	同分局		東京＋「分局」名		D欄「分局」名
鉄道事務		東京郵便局	東京鉄道郵便局		
管理事務		東京郵便局	東京逓信管理局		
日付印A欄		東京	東京：*2東京/中央電話		東京中央：*3東京
C欄		X1型：*1X3型：三星：*2料金収納印			Y1型：三星

表1　東京局を中心にした局所変更と使用した消印のタイプ

　まず第97リーフでは、7年前同様、東京・大阪中央郵便局が開局します。今回も現業局ですが、今度は一等局です。本例はその初日差出で、かつ東京中央局から大阪中央局への中央局間の郵便です。東京の局名は「東京」のままですが、大阪は約2週間「大阪中央」表示の印を使用しています。この大改革で管理局として開局したのが「逓信管理局」です。「東京逓信管理局」の封皮が第98リーフです。この時に従前の一等局から逓信管理局へと地方管理が変更（独立）しましたから、第99・100リーフのように郵便局から管理局への「官制のサドル便」が存在します。まず第99リーフでは、広島郵便局から広島逓信管理局への変更、第100リーフでは、金沢郵便局から金沢逓信管理局への変更です。

　第 101 ～ 103 リーフは鉄道郵便関連です。**第 101 リーフ**では、２度目の鉄道郵便局の開局です。左例は郵便局からの係員乗務時代最終日で、右例は鉄道郵便局（開局初日）からの係員乗務時代初日です。**第 102 リーフ**では、「東京鉄道郵便局／新橋派出所」の櫛型印を封緘印として用いた通信事務です。説明の都合上、**第 106・107 リーフ**も含めておきます。この派出所の係員が 1910 年 10 月 1 日から、例えば A 欄「新橋」C 欄「郵便係員」という消印を使用することになりました。葉書・封書並びにこれらに相当する額面上にこの消印が押されたものが見られます。**第 107 リーフ**は、東京停車場（東海道線の始発駅）の開場に伴う郵便係員の派遣です。そこでは A 欄「東京」C 欄「郵便係員」という消印を使用しています。東京停車場の開場には日独戦争が関係しますから、その絵葉書と記念印も示します。**第 103 リーフ**では、この時に新たに設けられた「仙台鉄道船舶郵便局」の未納印です。

　第 104 リーフは「東京電信中央局」の独立です。本例は電報の転送（郵便）です。電報封皮の方には「東京中央電信局より郵送」とありますが、中身の電報送達紙の方の消印は「東京」表示のままです。**第 105 リーフ**では「東京中央電話局」の独立です。下段は東京郵便局の印刷部を「東京中央電話局」の印で訂正した「官制のサドル便」です。上段は使用された消印です。最左が丸二印で局名部が二行書きの「東京／中央電話」の表示印です。右三例がその分局です。

　第 108 ～ 115 リーフは、1913 年 4 月 1 日の通信日付印の改正です。これにより Y 型の時刻表示に改正されました。**第 108 リーフ**はこの時の活字の送付に関する達です。時刻活字は既に送付済みとあります。Y 型の時刻表示は 4 月 1 日に全国一斉で切り替わってはいないので、この切り替わり時期に関しては、管理局毎の調査も役に立つ可能性があります。**第 109 リーフ**は Y1 型（一時間刻み）の初日使用ですが、東京・大阪とも、消印上で「中央」が入るようになりました。**第 110 リーフ**は Y2 型（二時間刻み）の初日使用、**第 111 リーフ**は Y3 型（三時間刻み）の初日使用です。**第 112 リーフ**は、X 型の時と同様（**第 93 リーフ**参照）、Y1 型、Y2 型、Y3 型の三つのタイプが同一郵便物上に押された例です。

　この時の日付印の改正のもう一つの大きな点は、分室や分局名を D 欄に入れる形式が使用されたことと、C 欄に電信局・電話局（分局は除く）・電信取扱所などの局種が表示されるようになったことです。**第 113 ～ 115 リーフ**では、東京を中心にこれらを示します。**第 113 リーフ**の最上段は東京市内の郵便局分室の例です。中段は東京中央電信局及びその電信局分室です。最下段は東京中央電話局及びその分局です。**第 114 リーフ**は東京中央郵便局日本橋分室で、**第 115 リーフ**は東京中央郵便局銭瓶町分室です。

　第 116 ～ 122 リーフは、本展示時期で最後の官制の変更です。**第 116 リーフ**は、新設の西部逓信局の封皮と料金収納印です。**第 117 リーフ**は従前の「仙台通信管理局」が閉局になり「北部逓信局」へと引き継いだことが分かる「官制のサドル便」で、**第 118 リーフ**は「新潟逓信局」が閉局し「東部逓信局」へと管理が引き継がれたことが分かる「官制のサドル便」です。その結果、管理局から郵便局への変更を示す新潟郵便局の封皮の「官制のサドル便」です。**第 119 リーフ**では郵便貯金局が為替貯金局へと改正された日ですが、旧の「貯金」表示のままの消印で、**第 120 リーフ**は旧の「郵便貯金局」印刷葉書の「郵便」を「為替」に押捺して変更した「官制のサドル便」です。**第 121 リーフ**は、下関郵便局細江分室の D 欄「細江」の分室表示が入った櫛形印と「湿潤乾燥」印を示しました。ところでこの細江分室が外国郵便交換局であったため、欧文印に分室を示す「2」という数字が入る局になりました。これが**第 122 リーフ**で、「SHIMONOSEKI 2」という局名が見られます。

　第 123・124 リーフは内容証明とその取扱局の変更です。内容証明は取扱開始時には取扱局を一・二等局及び特別に指定された局に限定していました。**第 123 リーフ**ではそのことを通知した達です。ところでこの制限は 1913 年 9 月 4 日に廃止され、どのような局でも取り扱えるようになりました。**第 124 リーフ**は無集配局で取り扱われた内容証明の例です。

第125～第128リーフが貯金為替専用印の復活（独立）の過程です。第125リーフは野洲郵便受取所差出の郵便貯金為替事務封皮ですが、為替記号と貯金記号が異なることが分かります。そこで、まずこの二つの記号を統一することになり、第126リーフのように、貯金通帳の記号を変更するために貯金通帳の所有者に通帳の提出を依頼しました。そして順次貯金記号と為替記号が統一されてゆきます。第127リーフは、同一局の連続した日付の為替金受領証ですが、12月2日の例では記号が「といき」とあるのを「れはと」と押印訂正していますが、その翌日の例では「れはと」と新規の印が押されています。本例ではD欄☆の有無も興味深いです。そしていよいよ1915年6月1日、第128リーフのように、C欄に貯金為替記号の入った櫛型印が使用されるようになりました。左の単片が消印の初日、右は旧の「C欄三ツ星印」と新の「C欄貯金為替記号入印」（使用開始初日）が押されている貯金通帳です。

前島密の時代の逓信事業
（1874〜1915）
〜官制・管轄・局種・消印・取扱

本展示の趣旨

　　前島密（1835-1919）が郵便に関係する部署に就いたのは1870年の事であった．その後二回ほど逓信事業の枢要ポストに計13年近くにわたり就き，今日の郵便の礎を築いた．この間1885年の内閣制度発足，1889年の大日本帝国憲法発布に伴い，各種の近代的な法律が次々と施行されていった．逓信事業の方も，1883年の郵便条例施行など，明治中期〜大正初期にかけて内国郵便制度が整備されるのに合わせ，中央管理，地方管理の体制も整備されてきた．これと並行する形で，郵便局の局種や取扱事務，消印も整理統合されたのがこの時代である．

　　本展示では，この時期の官制・管轄・局種・消印・取扱の変遷を中心に扱う．本来ならばそれぞれ毎に扱うべきであるが，本展示では，これらの流れを通時的に扱うことを主眼とするため，年代順に展示する．「東京」と表示された局所は1886年6月迄は駅逓局の現業（発着課）でもあり，以後の東京郵便局時代も含め，各管制期には東京局及び関連局をケーススタディとして示す．

本展示の主な特徴

1　制度などの初日・最終使用例約100例を含む
2　官制変更時には旧官制と新官制が可能な限り分かるようなドキュメントなどを使用している．

各事務別に使用された消印の形式（代表的）の変遷

年月日	郵便事務	電信事務	為替事務	貯金事務
1888. 9. 1.	丸一型便号入印	二重丸電信印	丸一型縦書印	二重丸型為替印
1889. 2.14.		丸一型空欄印		
1890. 5. 1.		（丸一型電信入印）		
1894. 4. 1.			丸一型縦書印	丸一型縦書印
1900.12.29.	丸二型時刻入印	丸二型空欄印	丸二型空欄印	丸二型空欄印
1903. 4. 1.		丸一型空欄印	丸一型空欄印	丸一型空欄印
1906. 1. 1.	櫛型時刻入印	櫛型★入印	櫛型★入印	櫛型★入印
1910. 1. 1.				
1915. 6. 1.	櫛型時刻入印	櫛型★入印	櫛型為替記号入印	櫛型為替記号入印

遞信省

	中央管理部門						地方管理	
年月日	電信	郵便	貯金・為替	船舶	鉄道	電話	官制	管理
	工部省	駅逓寮	駅逓寮	駅逓寮	工部省			府県庶務課
1871. 4.20.								
1871. 8.10.	旧暦	大蔵省 駅逓寮						
1873.11.10. 内務省新設								
1874. 1. 9.		内務省 駅逓寮	内務省 駅逓寮	内務省 駅逓寮				
1877. 1.11.		内務省 駅逓局	内務省 駅逓局	内務省 駅逓局				
1877. 1.16.	電信局							
1881. 4. 7.		農商務省 駅逓局	農商務省	農商務省				
1883. 3. 1.							駅逓区画法	駅逓局 駅逓出張局
1885.12.22.	遞信省 電信局	遞信省 駅逓局		遞信省 管船局	内務省 鉄道庁			
1886. 7. 1.							地方遞信官 官制	遞信管理局
1887. 4. 1.	内信局・外信局・工務局		為替貯金局					
1889. 9. 1.							郵便及電信 局官制	一等局
1890. 7. 1.	電務局	郵務局	郵便為替 貯金局					
1891. 8.16.			郵便為替 貯金管理所			交換局官 制施行		
1892. 7.21.					遞信省 鉄道庁			
1893.11.10.	通信局				鉄道局	支局設置	同上改正	
1897. 8.18.	電務局	郵務局						
1897.11.10.					鉄道作業局 （現業）			
1898.11. 1.	通信局							
1903. 4. 1.						交換局官 制廃止	通信官署官 制	通信管理局 一等局
1903.12. 5.							同上改正	一等局
1907. 4. 1.					帝国鉄道庁			
1908.12. 5.					帝国鉄道院 独立			
1909. 7.24.			郵便貯金局					
1910. 4. 1.							遞信管理局 官制	遞信管理局
1913. 6.13.			為替貯金局				地方遞信官 署官制	遞信局

1874年　1月　9日　　　　　　　　　　　　内務省駅逓寮

内務省駅逓寮に

	1874年	
	～ 1月 8日	1月 9日～
管理省庁	大蔵省	内務省
管理局	駅逓寮	駅逓寮
現業（東京表示）	発着課	発着課

裏面（80%）

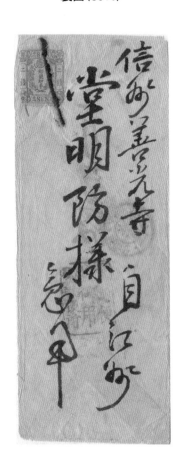

能登川駅／郵便御用取扱所　1874年　1月　4日差出
⇒東京　1874年　1月　9日　日中（内務省駅逓寮初日）⇒ 長野

1877年 1月11日　　　　　　内務省駅逓局

内務省駅逓局に

	1877年	
	〜 1月10日	1月11日〜
管理省庁	内務省	内務省
管理局	駅逓寮	駅逓局
現業（東京表示）	発着課	発着課

裏面（80%）

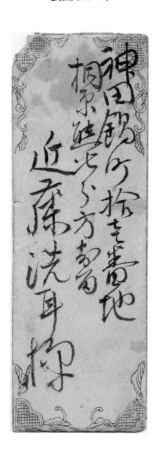

東京　1877年　1月11日（内務省駅逓局初日）

1877年　1月11日　　　　　内務省駅逓局

内務省駅逓局に

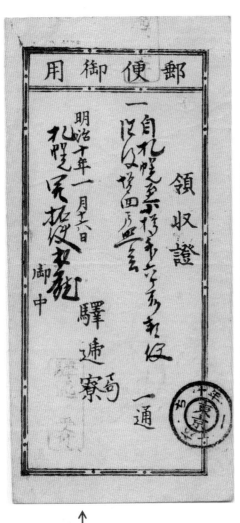

右図裏面（50%）

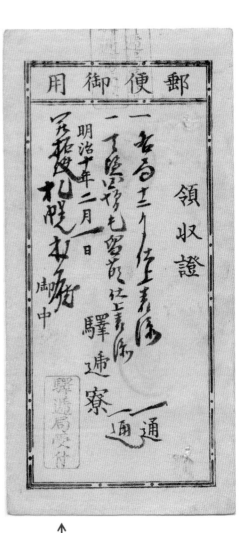

左：東京　1877年　1月16日　「寮」を「局」に訂正　「駅逓寮受付」印の「寮」削
右：東京　1877年　2月　1日　「駅逓局受付」印新規作成

1877年 1月16日　電信局から電信分局へ

工部省「電信局」（管理局）設置により, 現業局は「電信分局」へ

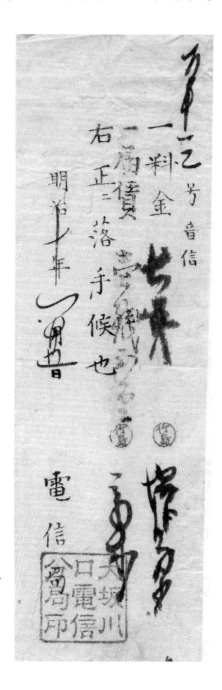

通信料確受証 「大坂川口電信分局印」1877年 1月25日
局種変更10日後であるが, 新規印を作成. 式紙の方は旧態の「電信局」のまま.

1881年 4月 7日　　　　　　　農商務省駅逓局

農商務省駅逓局に

	1881年	
	～ 4月 6日	4月 7日～
管理省庁	内務省	農商務省
管理局	駅逓局	駅逓局
現業（東京表示）	発着課	発着課

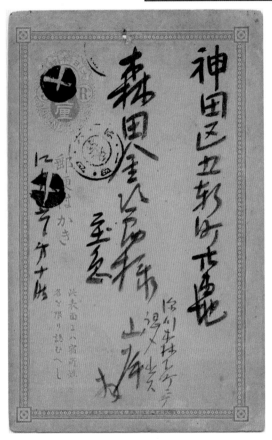
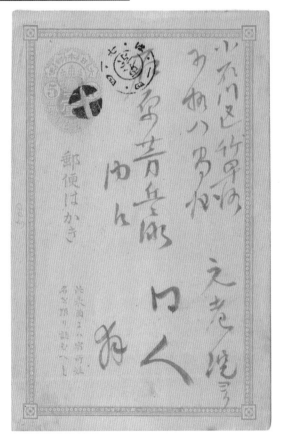

左：東京　1881年 4月 6日（内務省駅逓局最終日）
右：東京　1881年 4月 7日（農商務省駅逓局初日）

1883年 3月 1日　　駅逓区画法施行

施行以前は，地方は府県庶務課が担当

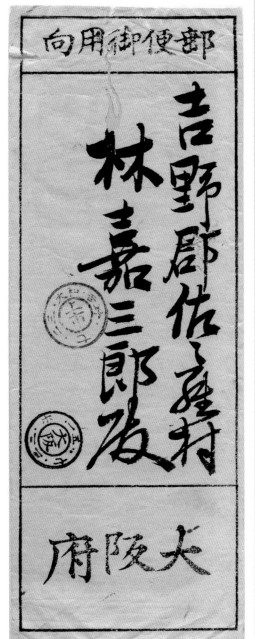

其村ヘ郵便函設置切手賣下許可相成候ニ付別紙兔許印鑑相

渡候條諸事所轄郵便局ヘ承合可有之此段及通達候也

明治十五年七月廿一日　大阪府庶務課

追テ郵便函及掛札ハ所轄郡役所ヨリ直ニ送付候條來ル八月

二日ヨリ郵便切手賣下及ヒ書状投函ニ差支無之様手配スヘ

シ

大阪　1882年 7月22日 ⇒ 大和　上市
大阪府庶務課差出
1872年2月以後，地方郵便局などの管理は各府県の駅逓掛などが担当した.

1883年　3月　1日　　　駅逓区画法施行

駅逓区画法制定

裏面（80%）

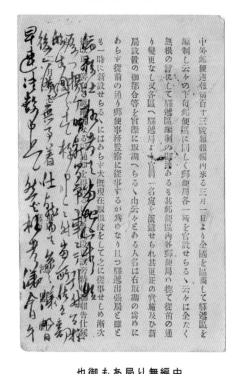

中外郵便週報第百十三號雑報欄内来る三月一日より全國を區画して駅逓區を編制し云々の下毎郵便區に同じく郵便局各一所を官設せらるゝ云々は全たく無根の言にして駅逓區編制の御達あるも其郵便區内各郵便局は惣て従前の通り變更なし又各區へ駅逓局より官員一名宛を派遣せられ其更正の賞庵及ひ新局設置の御都合等を實際に取調べらるゝ由云々とある人名は右取調の爲めにあらず従前の通り郵便事務監察に従事するが爲めなり且駅逓出張局と雖ども一時に新設せらるゝにはあらず大概現在取扱役をして之に従事せしめ漸次御改正の筈なる趣確実なる御通知を得たるにつき此段正誤旁特に御報告仕候

二月廿七日

鴻盟社

駅逓区画法施行

1883年 3月 1日

駅逓区画法制定

裏面（80%）

本年郵便條例制定御發行及驛遞區畫編制相成候ニ付テハ是等改正事務ノ一樣ニテルカ如キアレハ郵便研究會ノ設アッテ其効ナキニ似タリ因テ今回松本名古屋局長愛知縣驛遞係等ノ諸氏并ニ本會各副會長へ謀リ來ル九月名古屋ニ開ク大會ヲ早メ六月九日ヨリ三日間開會可致候間御出席可有之旦議案ノ提出スヘキモノアレハ研究會議條例ニ依リ五日前御投寄相成度

此段及御通知候也

明治十六年五月

會長　渡邊眞砂

本年郵便条例制定後発行及駅逓区画編成相成候に付ては是等改正事務の一様ならさるか如きあれば郵便研究会の設あって其効なきに似たり因て今回松本名古屋局長愛知県駅逓係等の諸氏並に本会各副会長へ謀り来る九月名古屋に開く大会を早め六月九日より三日間開会可致候間御出席可有之旦議案の提出すべきものあれば研究会議条例に依り五日前御投寄相成度

此段及御通知候也

明治十六年五月

会長　渡辺真砂

名古屋　1883年 5月11日 ⇒ 三河　加茂 5月14日
郵便条例・駅逓区画法制定に伴う研究会開催時期変更（早める）の案内

1883年 3月 1日　　駅逓区画法施行

駅逓区画法制定

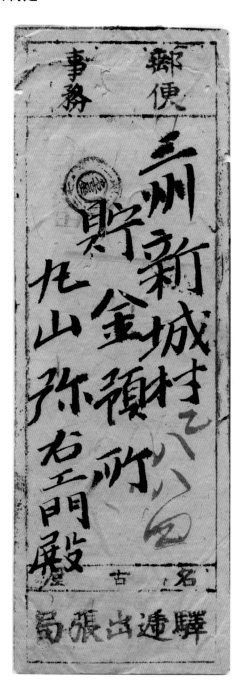

左：岡山　1885年11月27日 ⇒ 美作　金井　岡山駅逓出張局差出
右：名古屋　1885年11月27日 ⇒ 三河　新城　名古屋駅逓出張局差出

1885年 7月 1日　　　　　　電信条例施行

電信切手の発行

1銭 　　2銭 　　3銭

4銭 　　5銭 　　10銭

15銭 　　25銭 　　50銭

1円

逓信省駅逓局

1885年12月22日

逓信省の設置

	1885年	
	～12月21日	12月22日～
管理省庁	農商務省	逓信省
管理局	駅逓局	駅逓局
現業（東京表示）	発着課	発着課

 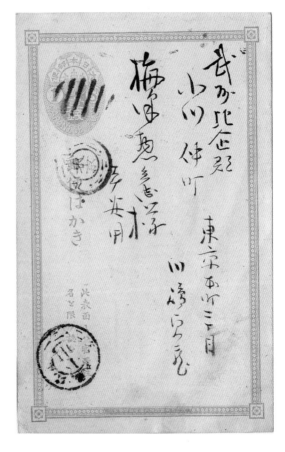

左：東京　1885年12月21日（農商務省駅逓局発着課最終日）
右：東京　1885年12月22日（逓信省駅逓局発着課初日）

1885年12月22日　　内閣制度発足と逓信省設置

逓信省の内局の変遷（郵便局取扱事項のみ）

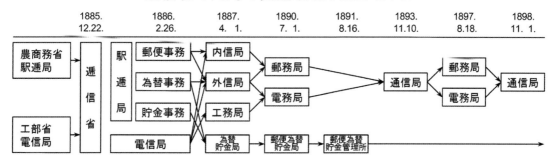

内信局・外信局・工務局時代（1887年 4月 1日－1890年 6月30日）

・内信局は，第一課〜第三課で郵便電信業務管理を分掌
・外信局は，第一課・第二課で外国郵便電信
　及外国為替事務を分掌
・工務局は，第一課・第二課で電信工業事務を分掌
　消印：工務局第一課：二重丸電信印を使用.

郵務局・電務局時代（1890年 7月 1日－1893年11月 9日）

・1891年 8月15日迄，電務局は，第一〜第三課に分掌
　最左消印：電務局第一課：二重丸型印を使用.
・1891年 8月16日以後，電務局は，通信課，工務課，
　電気試験課，電報調査課に分掌
　中央，右消印：電務局電報調査所：初期は二重丸型印，
　　後期は丸一型印を使用. 最右例は同所の最終日.

通信局時代（1893年11月10日－1897年 8月17日）

・通信局は，郵便・小包郵便・郵便為替・郵便貯金，
　電信・電話及びその建築保存，陸運，電気事業の監督
　を分掌.
　消印：逓信省通信局：丸一型印を使用.

郵務局・電務局時代（1897年 8月18日－1898年10月31日）

・郵務局は，郵便・小包郵便・郵便為替及び郵便貯金，
　陸運事業の監督に関する事項を分掌.
・電務局は，電信・電話に関する事項・電気事業の監督
　に関する事項を分掌.
　消印：逓信省電務局：丸一型印を使用.

通信局時代（1898年11月 1日－）

・通信局は，郵便・小包郵便・郵便為替・郵便貯金・電信・
　電話陸運・電気事業，経費，諸収入の予算決算会計を分掌.
　消印：逓信省通信局：最初は丸一型印を使用.
　1904年頃から右例のように日付印形式ではなくなった.

14

東京電信分局の開局

1886年 4月16日

一等電信分局を定める

管理省・部局			1877. 1.16.	1878. 3.25.	1885.12.22.	1886. 4.16.	1886. 9. 8.	1887. 4. 1.
管理省・部局		工部省	工部省電信局		逓信省電信局			内信局他
現業	東京			電信中央局		東京電信分局		東京電信局
	地方	電信局	電信分局			等級定まる		各地電信局
	官庁						電信取扱所	

一等電信分局（全8局）

電信中央局	東京電信分局（一等）	西部電信中央局	大坂電信分局（一等）

 →   →

| 1878. 3.25.開局
1886. 4.15.閉局 | 1886. 4.16.開局
1887. 3.31.局変 | 1883.11.20.開局
1886. 4.15.閉局 | 1886. 4.16.開局
1887. 3.31.局変 |

長崎電信分局	函館電信分局	新潟電信分局	神戸電信分局	横浜電信分局	京都電信分局

| 1877. 1.16.開局
1887. 3.31.局変 | 1877. 1.16.開局
1887. 3.31.局変 | 1878. 9. 5.開局
1887. 3.31.局変 | 1883.11.20.開局
1887. 3.31.局変 | 1886. 4.16.開局
1887. 3.31.局変 | 1886. 4.16.開局
1887. 3.31.局変 |

電信取扱所（鉄道以外）

外務省	内務省地理局	農商務省	宮内省

| 1886. 9. 8.開局
1890. 4.30.終了 | 1886. 9. 8.開局
1890. 4.30.終了 | 1886. 9. 8.開局
1890. 4.30.終了 | 1886. 9. 8.開局
1890. 4.30.終了 |

名古屋御本営	京都行在所	上野博覧会

| 1890. 3.31.開局
1890. 4. 4.閉局 | 1890. 4. 5.開局
1890. 4.18.閉局 | 1890. 4.25.開局
1890. 4.30.終了 |

15

1886年 6月 1日 　　　　　　　　東京郵便局

東京郵便局の開局：駅逓局発着課の独立

	1886年	
	〜 5月31日	6月 1日〜
管理局	駅逓局（駅逓局表示）	駅逓局
現業	発着課（東京表示）	東京郵便局

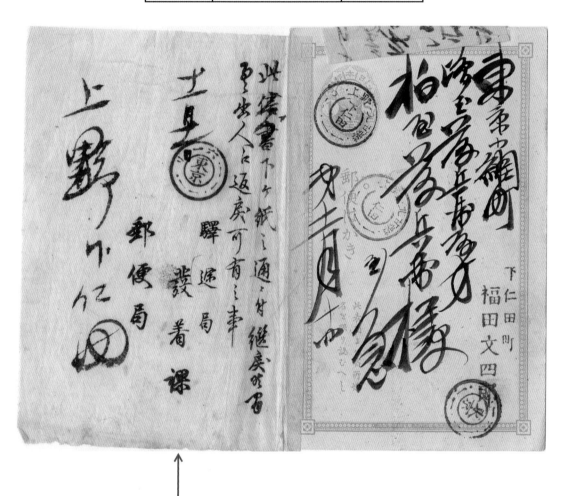

「駅逓局発着課」の附箋. 同課の日付印である「東京　16年11月11日」表示

16

1886年 6月 1日　　　　　　　　　　　東京郵便局

東京郵便局の開局：駅逓局発着課の独立

	1886年	
	〜 5月31日	6月 1日〜
管理局	駅逓局（駅逓局表示）	駅逓局
現業	発着課（東京表示）	東京郵便局

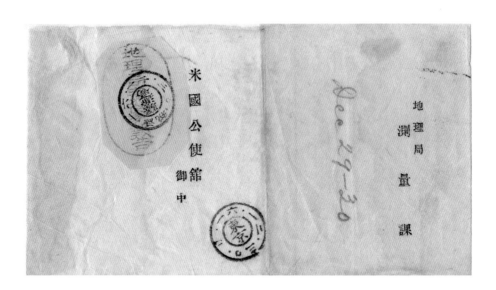

　　消印部（200%）　　

左：駅逓局　16年12月30日　税済（PN3）⇒東京　16年12月30日　リ（N3B3）
駅逓局は，管理局；「東京」は，駅逓局（管理局）の現業印

1886年 6月 1日　　　　　東京郵便局

東京郵便局の開局：駅逓局発着課の独立

	1885年		1886年
	～12月21日	12月22日～	6月 1日～
管理省庁	農商務省	逓信省	逓信省
管理局	駅逓局	駅逓局	駅逓局
現業（東京表示）	発着課	発着課	東京郵便局

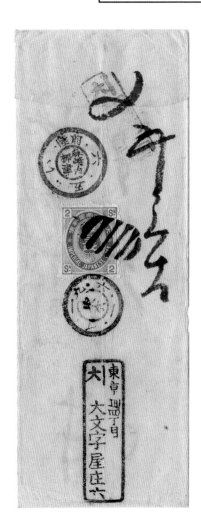

右裏面（80%）

左：東京 1886年 6月 1日 イ便 ⇒ 陸前 麻崎ノ内 柳津
右：東京 1886年 9月 5日 「駅逓局」を抹消の上，「逓信省」加刷 郵便事務

1886年 7月 1日　　地方逓信官官制施行

東京逓信管理局の開局

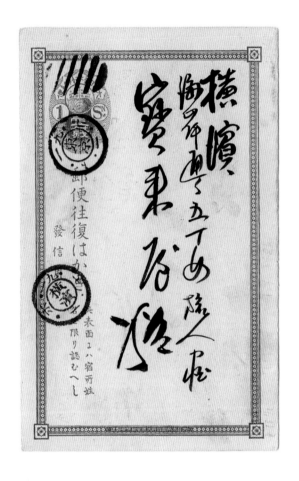 

左：東京　1886年 7月 1日 ⇒ 横浜　7月 1日
この日から「東京郵便局」は「東京逓信管理局」監督下におかれた.
右：武蔵　東京　1888年 4月17日 ⇒ 信濃　海尻　「東京逓信管理局」差出.

1886年 7月 1日　　地方逓信官官制施行

逓信管理局の開局

 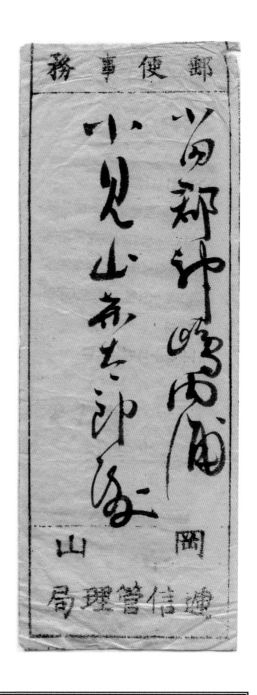

左：長門　赤間関　1889年 5月19日 ⇒ 豊後　中真玉　赤間関逓信管理局
右：岡山　1887年12月27日 ⇒ 笠岡　岡山逓信管理局

1887年　4月　1日　　逓信省官制改正

駅逓局の廃止：内信局・外信局・工務局設置

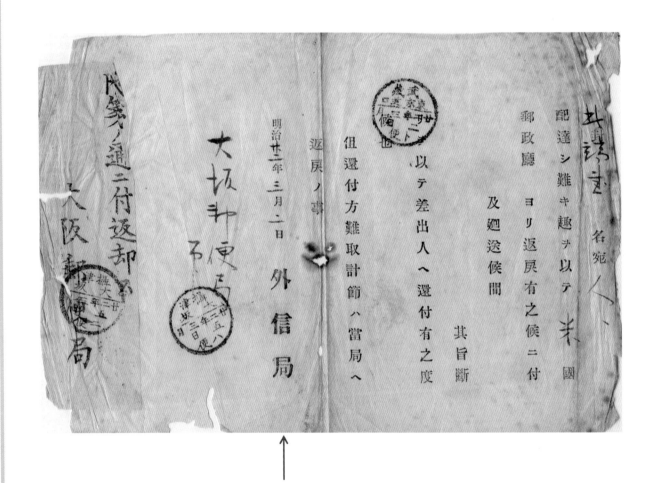

武蔵　東京芝口　1889年　3月　2日 ⇒ 摂津　大阪
米国宛外国郵便が差出人戻しになった際の「外信局」の附箋

1887年 4月 1日　　　為替貯金局業務開始

1886年 4月26日，大阪，赤間関に駅逓局第四部貯金課出張所設置

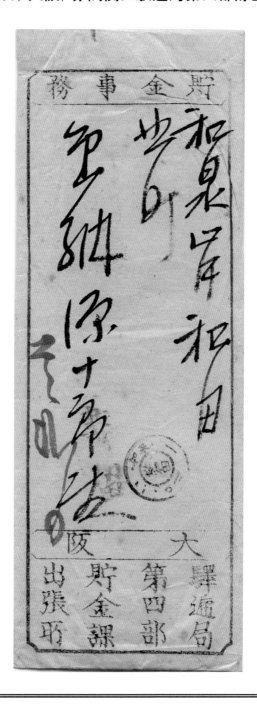

大阪　1887年 1月19日 ⇒ 和泉　岸和田
「大阪駅逓局第四部貯金課出張所」差出.

1887年　4月　1日　　　　為替貯金局業務開始

4月　1日から為替貯金局の業務開始（公達21号）.

裏面（40%）

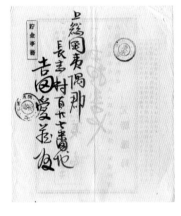

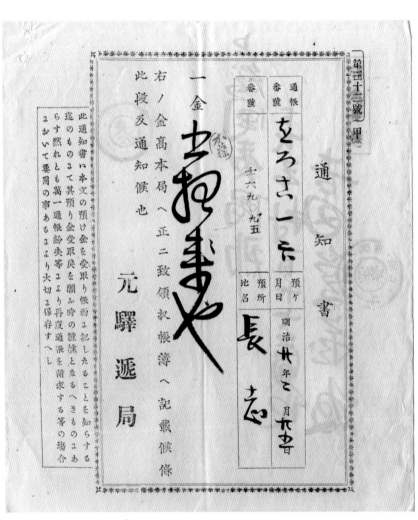

東京　1887年　3月15日 ⇒ 羽前　小出 「駅逓局」に「元」を押印.
為替貯金局業務開始前の残務整理のため「元駅逓局」を設置.

1887年 4月 1日　　為替貯金局業務開始

4月　1日から為替貯金局の業務開始（公達21号）.

裏面（40%）

芝口　1887年　5月　5日 ⇒ 上総　長志
「駅逓局」を抹消し，「逓信省為替貯金局」と訂正.

1887年 5月 1日　　電信支局の開局

同一市内に二局以上電信局がある場合，一局以外を支局に改定

	~1887. 3.31.	1887. 4. 1.~	1887. 5. 1.~	~1888. 3.31.	1888. 4. 1.~
局種	電信分局	電信局	電信支局		
切手	電信切手				郵便切手

「電信支局」の「電信分局」「電信局」印

新橋鉄道電信分局　　　　品川鉄道電信分局　　　　品川鉄道電信局

「電信支局」の「電信分局」印

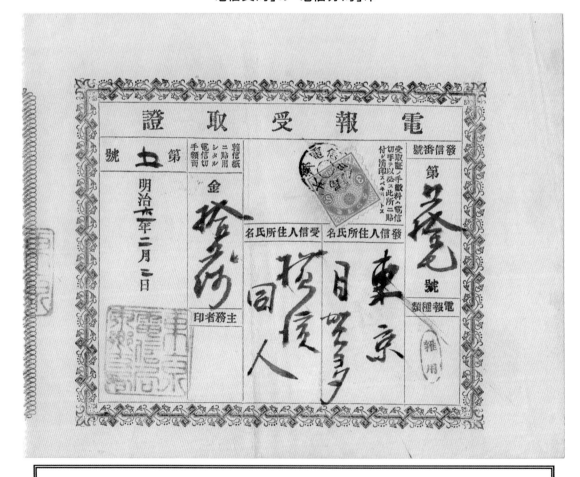

電報受領証　3銭　本郷電信分局　1888年 2月 2日
「東京電信局本郷支局」印　支局改定後半年以上抹消印を新調していない.

1888年 2月23日　　　東京郵便局焼失

東京郵便局焼失による「再通知書」

裏面（40%）

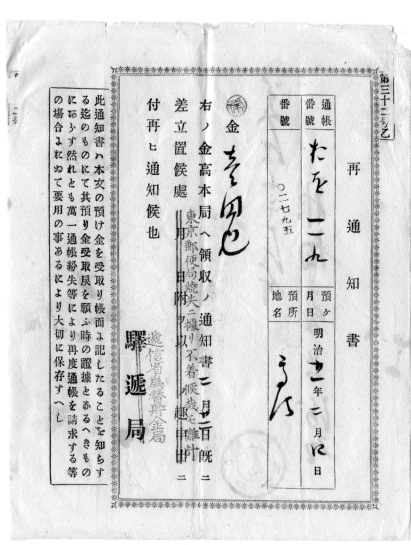

東京　1888年 4月20日
貯金登録済書再通知書：右の金高本局へ通知書二月廿二日既に差立置候處
「東京郵便局焼失ニ依リ不着候哉モ難計」朱加刷

26

1888年 4月 1日　電信事務と郵便事務の統合

1888年 4月 1日　電信切手発売停止〜1890年 3月 1日　使用禁止へ

			1878	1885	1885	1886	1887	1888	1889	1890	1890	注
			1.16	7. 1	12.22	12. 1	5. 1	4. 1	2.14	3. 1	5. 1	
消印	丸一	電信									○2	*：便号入有り
		空欄*							△		○1	△：先行型
	二重丸電信			○					↑		×↑	○1：郵便電信局 ○2：電信専業局
切手	電信切手			○				△↓		×↓		△：発売停止
	郵便切手							○				×：使用禁止
局所	電信（分）局						*					*：支局開局
	郵便電信局					○	*					
管轄	工部省				×↓							×：廃止
	逓信省				○							

電信切手の郵便電信局使用

京都郵便電信局	水戸郵便電信局	福島郵便電信局	神戸郵便電信局
1887. 4. 1.開局	1887.10. 1.開局	1887. 8. 1.開局	1887.12. 1.開局

電信切手発売停止後の使用例

青森郵便電信局	赤間関郵便電信局	東京郵便電信局
1889. 7.14.使用	1889. 9. 4.使用	東京郵便電信局は 1889. 9. 1.開局 本例は同日以後の使用

郵便切手の電信局使用（新小判25銭, 1円は電信切手廃止に伴う電報料金納付用に発行）

旧小判1銭	新小判1銭	新小判25銭	新小判1円
東京電信局	浜田電信局	呉電信局	神崎電信局

1889年 2月14日　電信事務と丸一型日付印（1）

一部の局で電信事務に丸一型日付印使用開始

1890年 4月30日以前の丸一型日付印便号空欄使用局（二重型電信印使用確認局）

近江　長浜

1887.12. 1.開局
2月使用

陸奥　青森

1887. 4. 1.開局

黒印：2月使用　　　　茶印

越中　富山	尾張　名古屋	土佐　高知	長門　赤間関	羽前　山形	下総　千葉

1887. 1. 1.開局　1887. 6. 1.開局　1887. 6. 1.開局　1888. 1.20.開局　1888. 5. 1.開局　1889. 4. 1.開局

旧小判切手使用廃止翌日

薩摩　鹿児島　　　　　駿河　静岡　　　　　　　　遠江　見付

1889. 9. 1.開局　　　1889. 9. 1.開局　　　　1889.10.16.開局

二重丸電信印

二重型電信印使用未確認局

讃岐　丸亀　　　　　摂津　神戸兵庫（郵便電信支局）　若狭　小浜

1889. 9. 1.開局　　　1890. 3.16.開局　　　1890. 4. 1.開局

黒印　　　　　茶印

> 現在まで確認できた14局.
> 神戸兵庫, 小浜では, 二重丸型電信印が使用されなかった可能性が高い.

1889年　8月10日　　　　郵便局員が列車乗務

神戸郵便電信局鉄道郵便係員

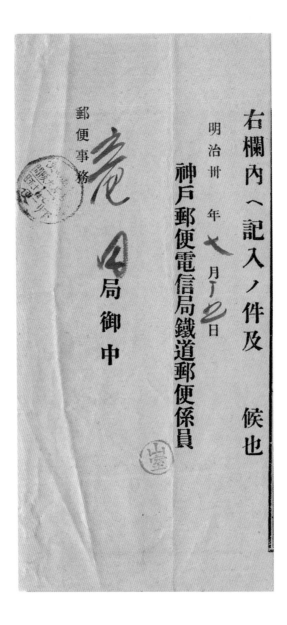

名古屋大阪間／下リ一便　1901年 7月15日
「神戸郵便電信局鉄道郵便係員」

1889年 8月10日　　　郵便局員が列車乗務

仙台郵便電信局鉄道郵便係員

未納不足部（200％）

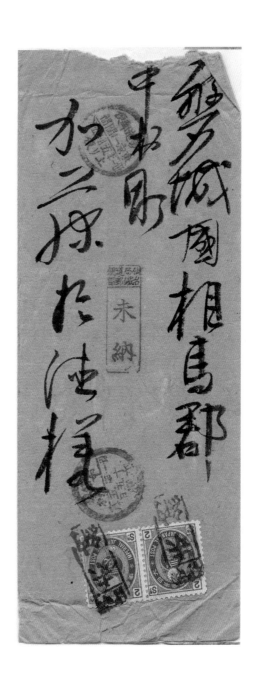

東京—一関間／上リ便　1898年 5月15日 ⇒ 磐城　中村
「仙台局鉄道郵便係／未納」

1889年　8月10日　　　郵便局員が列車乗務

東京郵便電信局鉄道郵便係員

内側（70%）

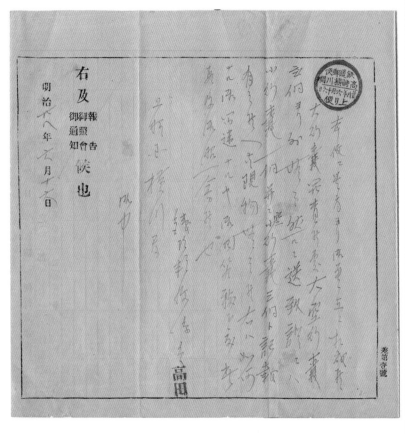

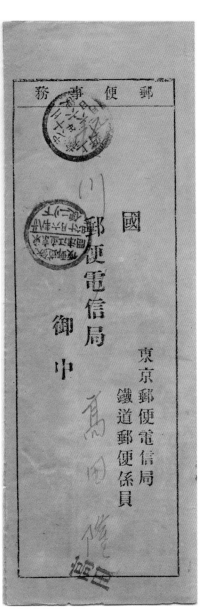

高崎横川間　1895年　6月16日　上り便（東京郵便電信局　鉄道郵便係員差出）
⇒ 東京直江津間 ⇒ 上野　横川

31

郵便及電信局官制施行

1889年 9月 1日

逓信管理局の廃止にかかわる残務の通知

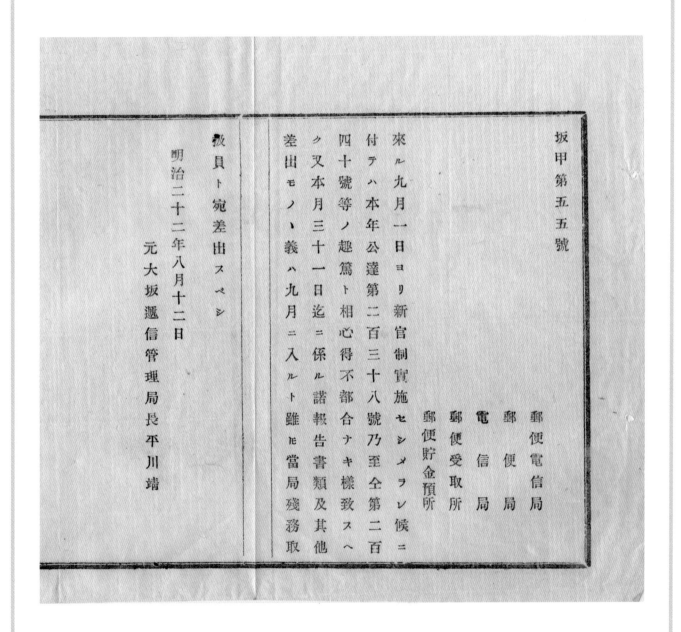

坂甲第五五號

郵便電信局
郵便局
電信局
郵便受取所
郵便貯金預所

來ル九月一日ヨリ新官制實施セシメラレ候ニ
付テハ本年公達第二百三十八號乃至全第二百
四十號等ノ趣篤ト相心得不都合ナキ様致スヘ
ク又本月三十一日迄ニ係ル諸報告書類及其他
差出モノヽ義ハ九月ニ入ルト雖モ當局殘務取

教員ト宛差出スヘシ

明治二十二年八月十二日

元大坂遞信管理局長平川靖

元大阪逓信管理局長　1889年 8月12日

32

1889年 9月 1日　　郵便及電信局官制施行

新管制実施に伴い管理局にもなる一等局の号外

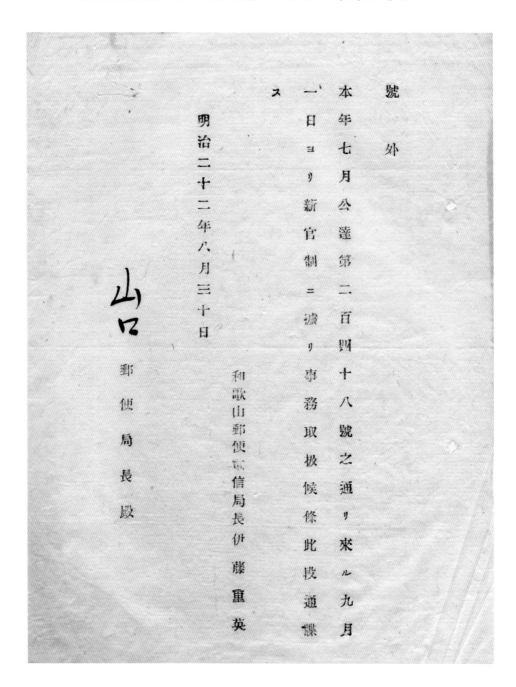

號外

本年七月公達第二百四十八號之通リ來ル九月
一日ヨリ新官制ニ據リ専務取扱候條此段通牒
ス

和歌山郵便電信局長伊藤重英

明治二十二年八月三十日

山口

郵便局長殿

和歌山郵便電信局長　1889年 8月30日　号外

1889年 9月 1日 郵便及電信局官制施行

地方の郵便電信局（管理・現業）の開局

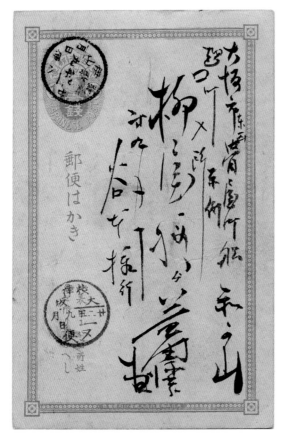

府県	業務	管理・現業局　1889年	
		8月31日迄	9月 1日以後
和歌山	郵便	和歌山郵便電信局	和歌山郵便電信局 左図差出
	電信		
	管理	大阪逓信管理局	
大阪	管理		大阪郵便電信局 左図名宛
	郵便	大阪郵便局	
	電信	大阪電信局	
東京	管理	東京逓信管理局	東京郵便電信局 右図差出
	郵便	東京郵便局	
	電信	東京電信局	

左：紀伊 和歌山 1889年 9月 1日（管理局初日）⇒ 摂津 大阪 1889年 9月 1日（管理局初日）
右：東京 1889年 9月 1日（管理局初日）

1890年 4月 1日　　為替事務印で切手抹消

切手抹消開始の件に関し，郵便局への注意（和歌山郵便局発）

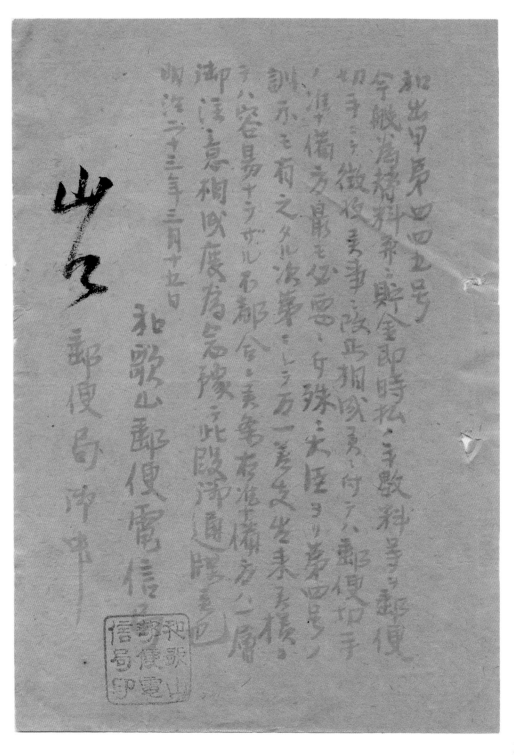

1890年 4月 1日　　為替事務印で切手抹消

切手抹消開始

切手抹消開始初日

1890. 4. 1.
羽後　能代　郵便局

大型印

5厘	1銭	2銭	3銭	4銭

5銭	8銭	10銭

15銭	20銭
	清国　上海

1890年 5月 1日　電信事務と丸一型日付印（2）

全ての局で電信事務に丸一型日付印使用開始

郵便電信局

武蔵 横浜	伊勢 津	摂津 神戸	摂津 大坂	安芸 広島
1887. 5.16.開局	1887. 7. 1.開局	1887.12. 1.開局	1889. 9. 1.開局	1889. 9. 1.開局

郵便電信支局

武蔵 東京深川	武蔵 東京麹町
1890. 1.16.開局	1890. 1.16.開局 「東京麹町支局」

従前から便号空欄印使用の郵便電信局

近江 長浜	長門 赤間関
1887.12. 1.開局	1888. 1.20.開局

電信局

越後 柏崎

1878. 9. 5.開局
「電信」印

> 上二列はこの日が電信事務に丸一型便号空欄印使用初日の可能性が高い.
> 郵便電信局は「空欄」印が基本だが「便号」印も使用されている.
> 電信専業局は「下部電信入」使用. 最下列の柏崎はこの印の使用開始初日.

1890年 7月 1日　　　　　為替取扱所の設置

為替取扱所の設置，同日から切手抹消開始

開局初日

1890. 7. 1.開局
赤坂為替取扱所

使用額面

5厘	1銭	2銭	3銭
銀座為替取扱所	六条為替取扱所	京橋町為替取扱所	桜橋為替取扱所

5銭	8銭	10銭
片町為替取扱所	六条為替取扱所	丸太町為替取扱所

15銭

桜橋為替取扱所

1890年 7月 1日　　　郵便為替貯金局設置

郵便為替貯金局

赤間関郵便為替貯金分局

裏面（40%）

赤間関郵便為替貯金分局　1890年12月25日
「赤間関為替貯金局出張所」を抹消し、「赤間関郵便為替貯金分局」印押し訂正.

1891年 8月16日　　郵便為替貯金管理所設置

郵便為替貯金管理所
郵便貯金為替管理所

1892. 2.15.使用

赤間関郵便為替貯金管理支所

1900.12.28.使用

大阪郵便為替貯金管理支所

1899. 8.19.使用

裏面（30%）

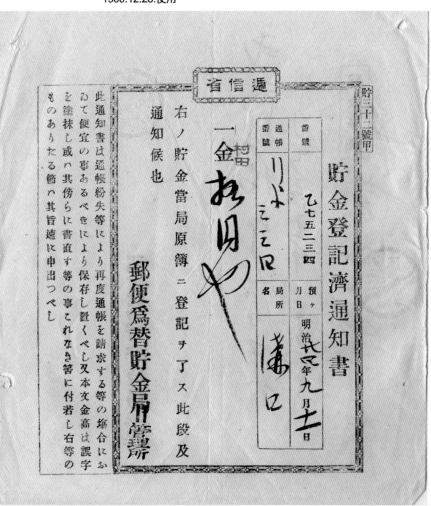

武蔵　東京　1891年　9月19日 ⇒ 武蔵　川和
「郵便為替貯金局」の「局」を抹消し，「管理所」印で訂正.

1892年 7月21日　　　　　鉄道行政，逓信省に

鉄道庁が内務省から逓信省に移管：鉄道行政が逓信省の所管に

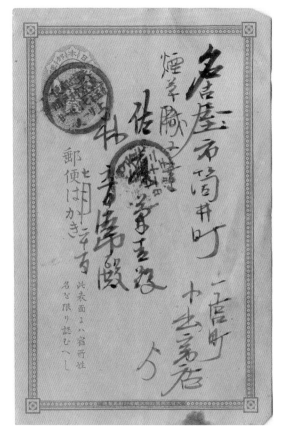

　消印部（200%）　

左：門司熊本間／上リ二便　1892年 7月20日 ⇒ 近江 草津（内務省鉄道庁時代最終日）
右：東京神戸間／上リ一便　1892年 7月21日 ⇒ 尾張 名古屋（逓信省省鉄道庁初日）

1893年 8月 1日　郵便受取所が為替取扱開始

郵便受取所が為替取扱開始

1893年 8月 1日為替取扱所から郵便受取所へ

瓦町為替取扱所　　　　　　　　　　瓦町郵便受取所

　→　

1893. 7.31.閉局　　　　　　　　　　1893. 8. 1.開局
閉局日　　　　　　　　　　　　　　開始日

郵便受取所為替取扱開始日

片町郵便受取所　　　　　　　　　　靱郵便受取所*

1893. 8. 1.開局　　　　　　　　　　1893. 8. 1.開局
開始日　　　　　　　　　　　　　　開始日

郵便受取所での為替印使用（1893年度使用）

丸太町郵便受取所　河原町郵便受取所**　石川町郵便受取所　天神橋筋郵便受取所　瓦町郵便受取所

1893. 8. 2.使用　　1893. 8.28.使用　　1893.10.12.使用　　1893.10.16.使用　　1893.11.15.使用
開局翌日　　　　　　開局月

---

*靱「郵便受取所」は，開局日に従前の「為替取扱所」の日付印を使用している.
**河原「郵便受取所」は，開局28日目でも従前の「為替取扱所」の日付印を使用している.

1893年11月10日　　郵便及電信局官制改正

管理郵便局の整理・統合

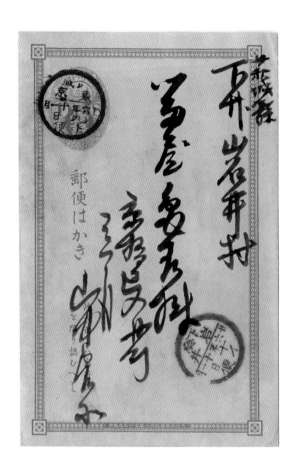

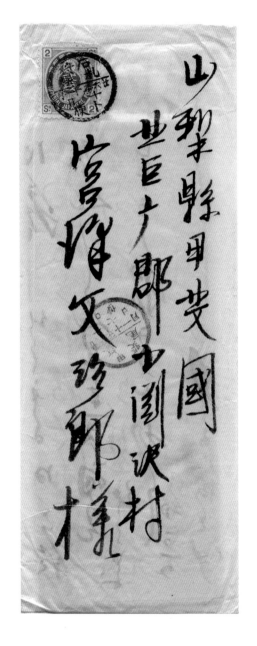

管理局　1893年		
府県国	11月 9日迄	11月10日後
東京府	東京郵便電信局	東京郵便電信局 左図
千葉県	千葉郵便電信局	
渡島国	函館郵便電信局	
根室国	根室郵便電信局	札幌郵便電信局 右図
上記外 北海道	札幌郵便電信局	

左：東京 1893年11月 9日 ト便 ⇒ 下総 岩井 11月10日 イ便
配達局の岩井は，11月9日まで「千葉郵便電信局」管轄．10日から「東京郵便電信局」管轄．
右：札幌 1893年11月10日 ト便 ⇒ 甲斐 篠尾

1893年11月10日　鉄道局設置. 逓信省の内局に

従前の鉄道庁廃止

 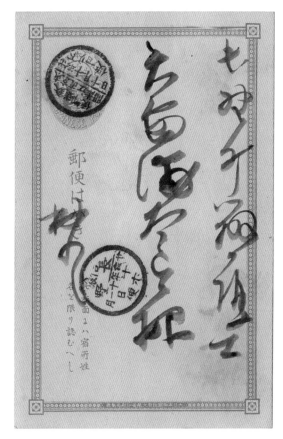

　消印部（200%）　

左:東京名古屋間／上り便　1893年11月 9日 ⇒ 駿河 興津（鉄道庁時代最終日）
右:東京直江津間／下リ一便　1893年11月10日 ⇒ 信濃 長野（鉄道局時代最終日）

1894年 4月 1日　　為替貯金事務の統合

貯金事務用二重丸型日付印の使用終了；縦書丸一印に統合

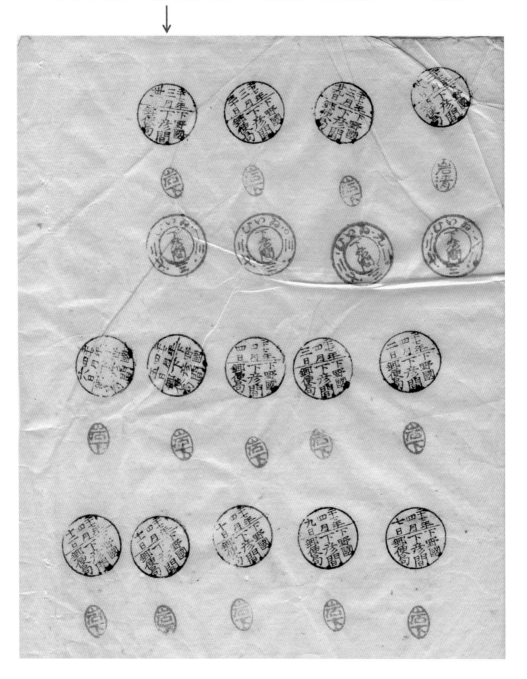

下野国　下彦間（為替・貯金両方取扱局）1894年 3月28日～4月12日の為替貯金日付印検査簿
3月31日迄は為替事務用丸一型縦書印と貯金事務用二重丸型日付印両印を押捺・検査なるも，
4月 2日以後は縦書印のみ押捺・検査. 4月 1日（及び8日）は日曜日で休日.

為替貯金事務の統合

1894年 4月 1日

貯金事務用二重丸型日付印の使用終了；縦書丸一印に統合

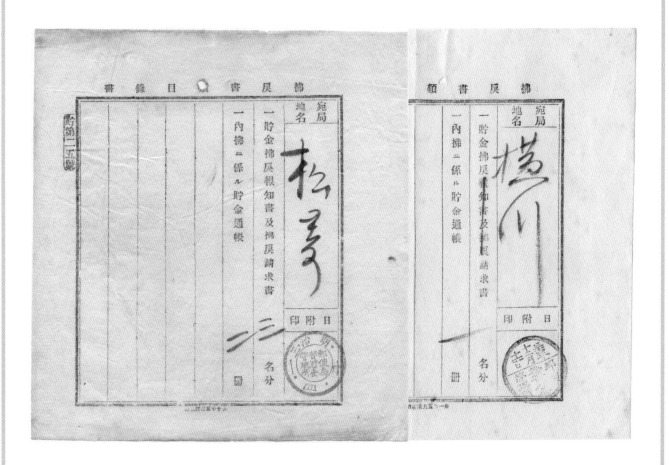

消印部（200%）

左：郵便為替貯金管理所（二重丸型貯金印） 1898年 4月 7日
右：郵便為替貯金管理所（丸一型縦書印） 1898年12月16日
管理局の郵便為替貯金管理所では，一般の局が使用廃止後4年以上も二重丸型印を使用している．

1897年11月10日　　鉄道作業局官制施行

管理局と現業局の分離：現業局としての鉄道作業局が独立

裏面（80%）

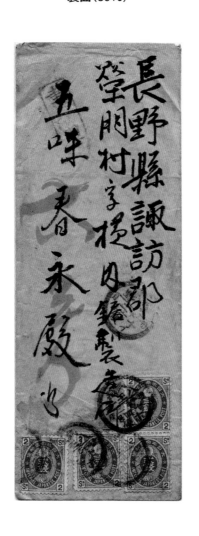

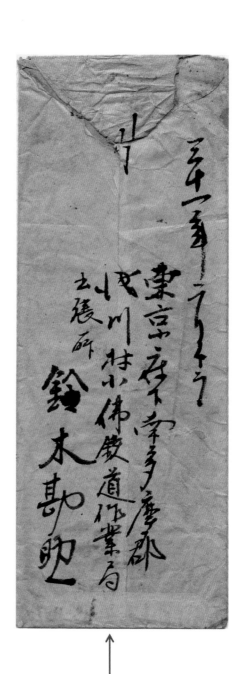

武蔵　八王子　1898年 2月14日 ⇒ 信濃　茅野
小仏「鉄道作業局」出張所　差出

年賀特別取扱の1月1日

1900年 1月 1日

指定局に限り毎年十二月二十日より同月三十日迄の間に於て
引受けたる年賀状郵便物には一月一日イ便の日付印を押捺し‥公達第五百六十号

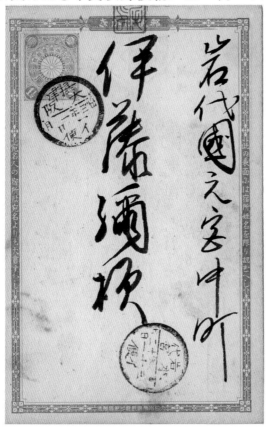 

同上の裏面（50%）

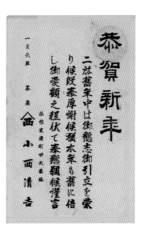

左：攝津　大阪　明治33年　1月　1日イ便（年賀特別）⇒ 岩代　本宮　32年12月31日
右：渡島　函館　明治33年　1月　1日イ便（年賀特別）⇒ 近江　山上　32年12月31日
到着日付印が押捺されていることから，このイ便は年賀特別取扱いのものとわかる．

1900年12月29日　　　丸二型日付印

丸二型日付印使用開始

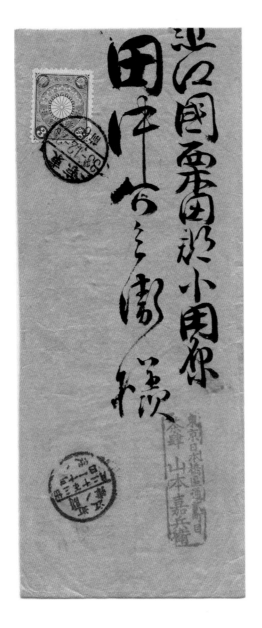

消印部（200%）

東京　1900年12月29日　前6　左：切手抹消；右：着印
この消印の実質の使用開始初日初便

1900年12月29日　　　　　丸二型日付印

丸二型日付印使用開始

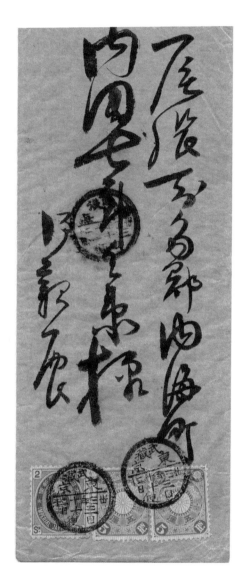

消印部（200%）

左：出雲　本荘　1900年12月26日 ⇒ 武蔵　東京　1900年12月29日　ワ便
右：東京　33年12月30日　ロ便
丸二型日付印使用開始後の丸一型印使用例.

1901年 3月 1日　　　　　　　丸二型日付印

東京支局丸二型日付印使用開始

丸一型日付印最終日　　　　　　　丸二型日付印使用開始初日

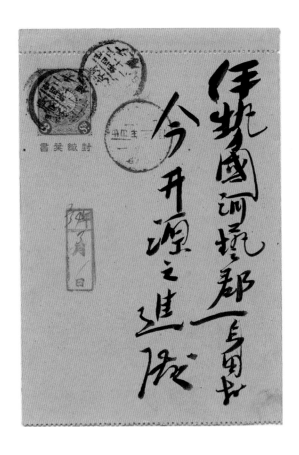

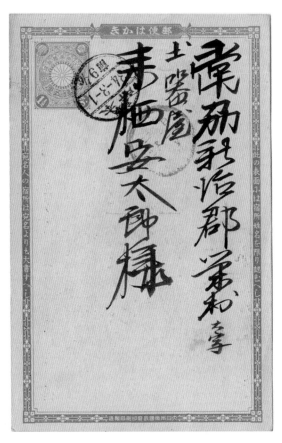

消印部（200％）

左：東京本所　1901年 2月28日　チ便（丸一型印使用最終日）
右：東京本所　1901年 3月 1日　前9 $\frac{1}{6}$（丸二型印使用開始初日）

丸二型日付印

貯金事務使用の丸二型日付印

事務	丸一印時代	丸二印時代
郵便事務	丸一型便号入	丸二型時刻入印
電信事務	丸一型空欄	
貯金事務	丸一型縦書印	丸二型空欄印
為替事務		

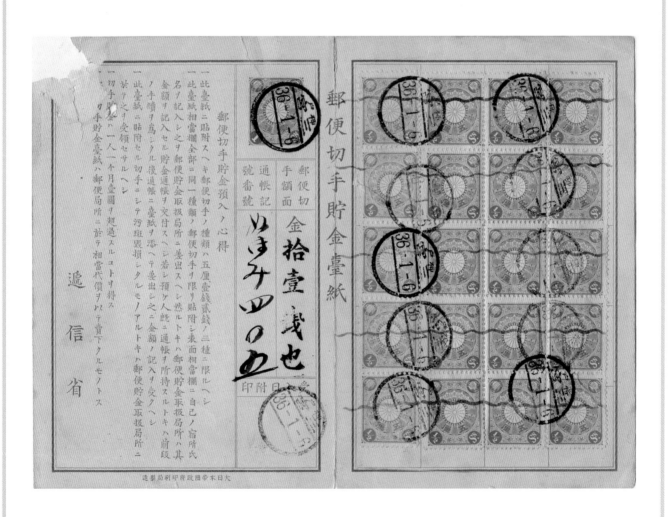

神戸　三宮　1903年　1月　6日
丸二型空欄印使用

丸二型日付印

為替事務使用の丸二型日付印

東京芝口郵便支局　大阪船場郵便支局

1901. 3. 1.開始
1901. 7.10.使用

1902. 4. 1.開始
1902.11. 9.使用

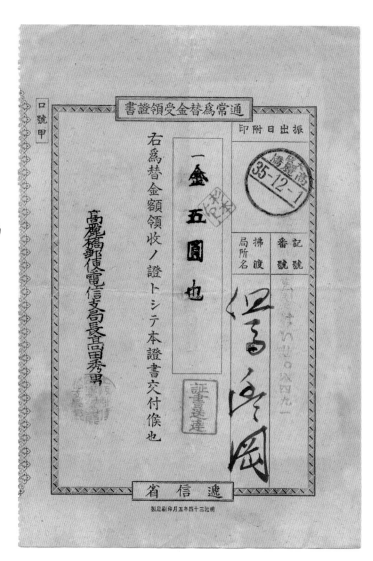

大阪　高麗橋　1902年12月 1日　丸二型空欄印使用
東京芝口, 東京白金, 大阪船場の三支局は「電信事務」を取り扱わなかった.
これらの局の丸二型「空欄」印は,「為替貯金」に用いられた専用印と言える.

丸二型日付印

電信事務使用の丸二型日付印

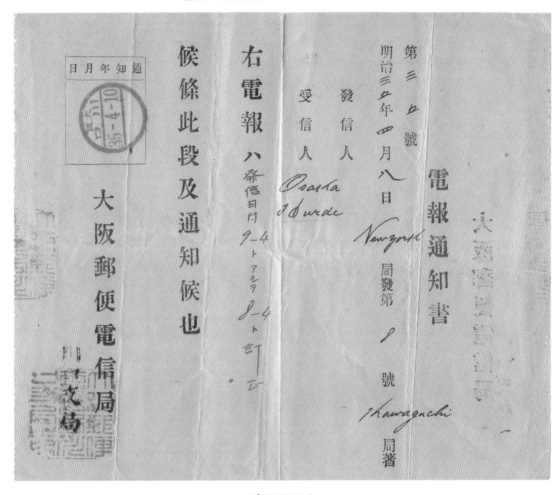

裏面（60%）

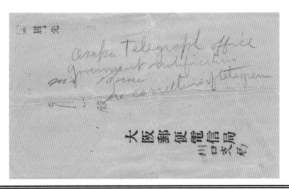

大阪　川口　1902年　4月10日　丸二型空欄印使用　電信事務
電報の発信日付訂正　「発信日付9－4とあるを8－4と訂正」

1901年 4月 1日　手形交換所への出張取扱

郵便為替証書線引譲渡規則施行

東京　交換払	京都　交換払	大阪　交換払	神戸　交換払	台北　交換払
1905.11. 2.使用	1905.12. .使用	1905. 8.26.使用	1907. 8. 1.使用	1914. 3.27.使用

裏面（30%）

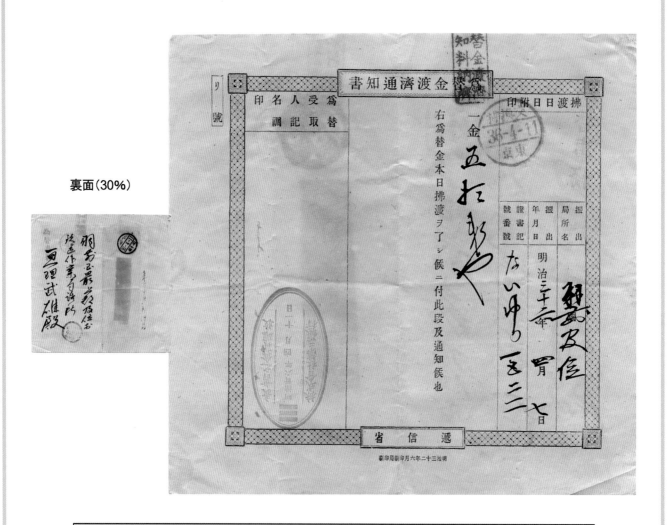

交換払／東京　1903年 4月11日
為替金払渡済通知書 「摘要」欄：「表書之金資確収　株式会社第三銀行」印押
郵便局員が手形交換所に出張して為替証書を交換する制度.

1903年 4月 1日　　　　通信官署官制施行

1903年 4月 1日の大変化

局種	内容	～ 3月31日	4月 1日～	12月 5日～
			1903年	
東京・大阪 一等郵便電信局	現業	郵便電信局	中央郵便局（二等）	郵便局（一等）
	管理	郵便電信局	通信管理局	
東京・大阪以外の 一等郵便電信局	管理・現業	郵便電信局	一等郵便局	
	市内郵便局	支局	二等郵便局	
	市内電信局	電信支局	二等電信局	
	鉄道乗務員	鉄道係員	鉄道郵便局	郵便局鉄道郵便係員
二等・三等		郵便電信局	郵便電信局	郵便局
		郵便局	郵便局	郵便局
電話交換局			電話交換局	郵便局
郵便局の取扱 事務別使用消印 丸二印非使用局	郵便	丸一型便入	丸一型便入	
	電信	丸一型空欄	丸一型空欄	
	為替貯金	丸一縦書印		

電信専用印の丸一型便号空欄の最終日
郵便電信局の最終日　　　　　　　　郵便電信支局の最終日

安芸 広島郵便電信局　　筑前 若松郵便電信局　　　長崎本博多郵便電信支局

1903. 3.31.使用　　　1903. 3.31.使用　　　　1903. 3.31.使用
郵便電信局の最終日　　郵便電信局の最終日　　　郵便電信支局最終日

4月 1日，局種変更：郵便（電信）（支）局から郵便局へ　　4月 1日，大阪の管理局

横浜郵便局　　　　芝口郵便局　　　　　牛込郵便局　　　　大阪通信管理局

　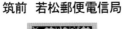　　　　　

郵便電信局から郵便局へ　郵便支局から郵便局へ　郵便電信支局から郵便局へ　大阪郵便電信局から
郵便局の初日　　　　　郵便局の初日　　　　　郵便局の初日　　　　引き継いだ管理局

安芸広島，筑前若松両郵便電信局の丸一型空欄印の例では，
この日までどちらも「電信使用」と限定できる.

56

1903年 4月 1日　　　通信官署官制施行

東京中央郵便局（二等：現業）の開局

東京局の受持事務				
1903年 3月31日以前		1903年 4月 1日	1903年12月 5日以後	
東京郵便電信局	江戸橋電話所	江戸橋電話所	東京郵便局	江戸橋電話所（注1）
	郵便課	東京中央郵便局		郵便課
	鉄道郵便	東京鉄道郵便局		鉄道郵便課
	電信課	東京中央電信局		電信課
	管理事務	東京通信管理局		管理事務
東京電話交換局	管理事務			
	現業事務	東京中央電話局		電話課
	常盤橋内電話所	常盤橋内電話所		

東京通信管理局

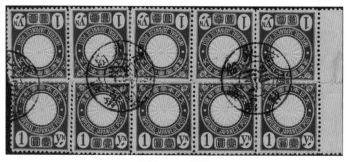

1903. 4. 1.開局
1903.12. 4.閉局

東京通信管理局電話課

1903. 4. 1.開局
1903.12. 4.閉局

東京通信管理局電話課（注2）

1903. 4. 1.開局
1903.12. 4.閉局

注1：1904年 3月31日廃止
注2：下段右「東京通信管理局」下部「電話」入印は，閉鎖後の使用例なので，
おそらく次の「東京郵便局」の電話印使用開始まで暫定的に使用したものと思われる．

1903年 4月 1日　　　通信官署官制施行

東京中央郵便局（二等：現業）の開局

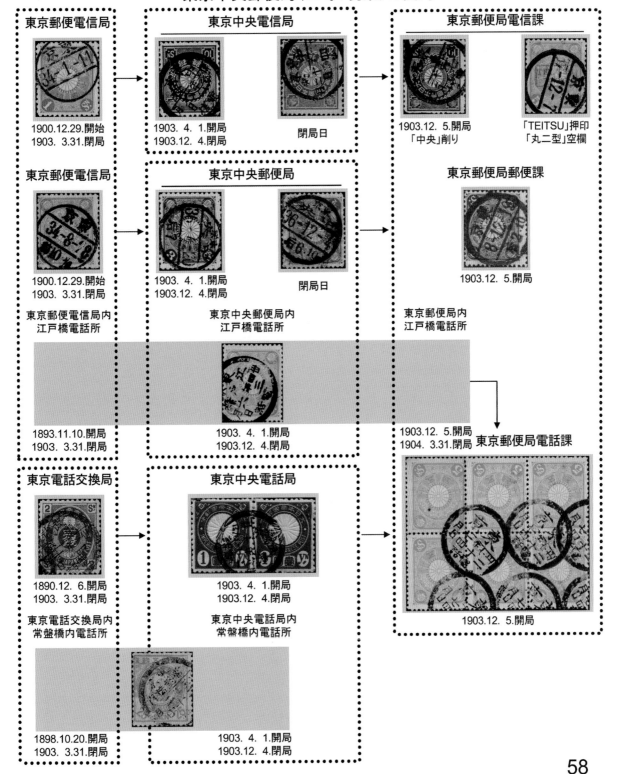

東京郵便電信局

1900.12.29.開始
1903. 3.31.閉局

東京郵便電信局

1900.12.29.開始
1903. 3.31.閉局

東京郵便電信局内
江戸橋電話所

1893.11.10.開局
1903. 3.31.閉局

東京電話交換局

1890.12. 6.開局
1903. 3.31.閉局

東京電話交換局内
常盤橋内電話所

1898.10.20.開局
1903. 3.31.閉局

東京中央電信局

1903. 4. 1.開局
1903.12. 4.閉局

閉局日

東京中央郵便局

1903. 4. 1.開局
1903.12. 4.閉局

閉局日

東京中央郵便局内
江戸橋電話所

1903. 4. 1.開局
1903.12. 4.閉局

東京中央電話局

1903. 4. 1.開局
1903.12. 4.閉局

東京中央電話局内
常盤橋内電話所

1903. 4. 1.開局
1903.12. 4.閉局

東京郵便局電信課

1903.12. 5.開局
「中央」削り

「TEITSU」押印
「丸二型」空欄

東京郵便局郵便課

1903.12. 5.開局

東京郵便局内
江戸橋電話所

1903.12. 5.開局
1904. 3.31.閉局　**東京郵便局電話課**

1903.12. 5.開局

1903年　4月　1日　　通信官署官制施行

東京中央郵便局（二等：現業）の開局

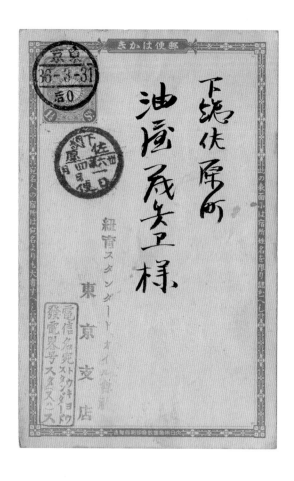

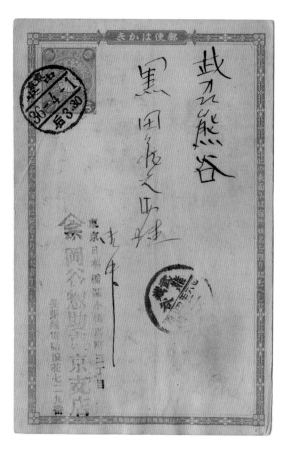

消印（200%）

左：東京（東京郵便電信局：一等局最終日）　1903年　3月31日
右：東京中央（東京郵便局：二等局初日）　1903年　4月　1日

1903年 4月 1日　　通信官署官制施行

支局制度の廃止：二等郵便局に（東京四谷）

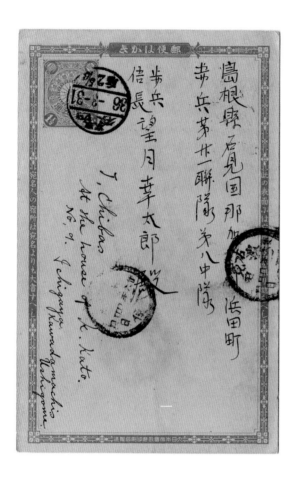

消印（200%）

左：東京四谷（東京郵便電信局支局最終日）1903年 3月31日 ⇒ 岩見 浜田 4月 2日
右：中野 1903年 4月 1日 ⇒ 東京四谷（二等郵便局開局初日）4月 1日
⇒ 東京飯田橋（二等郵便局開局初日）4月 1日

1903年　4月　1日　　　　東京通信管理局

東京通信管理局（管理）の開局

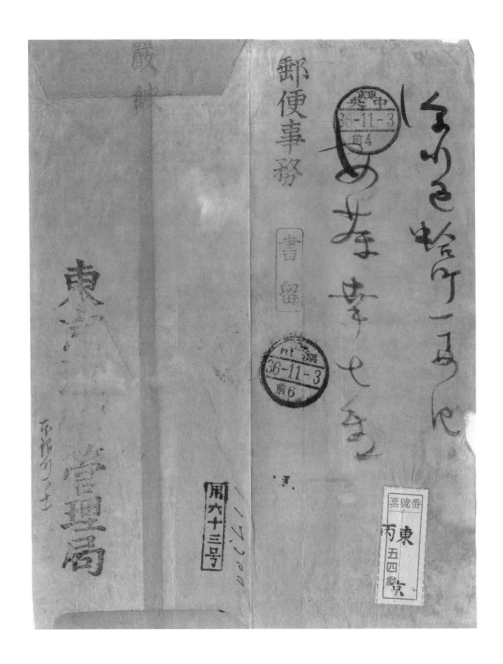

東京中央　1903年11月　3日　東京通信管理局　差出　郵便事務書留

1903年 4月 1日　電話交換局官制の廃止

電話交換局業務の郵便局に引き継ぎ

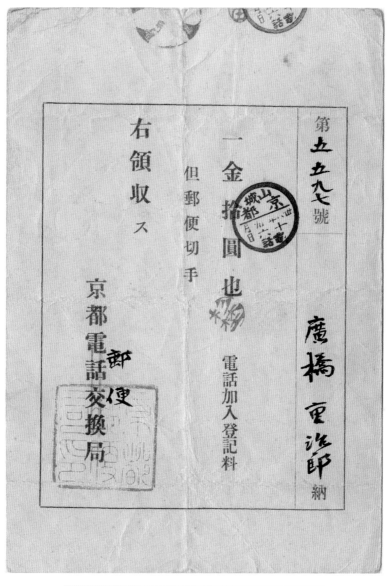

局所名	1903年 4月 1日	注
京都郵便電信局	郵便局	郵便局が廃止
京都電話交換局	廃止	電話事務引継

山城　京都　1903年　9月16日　電話　「京都電話交換局」の「電話交換」を抹消「郵便」を加筆.
消印としては,「京都電話交換局」時代の「電話」印を流用.
京都電話交換局から京都郵便局へ

1903年 4月 1日　　電話交換局官制の廃止

電話交換局業務の郵便局に引き継ぎ

裏面（80%）

局所名	1903年 4月 1日	注
金沢郵便電信局	郵便局	郵便局が廃止 電話事務引継
金沢電話交換局	廃止	

加賀　金沢　1903年 5月18日　電話事務「金沢郵便電信局」の「電信」を抹消.
金沢電話交換局から金沢郵便局へ「電話事務」の引継.

1903年 4月 1日　　　　鉄道郵便局の開局

鉄道郵便局11局開局

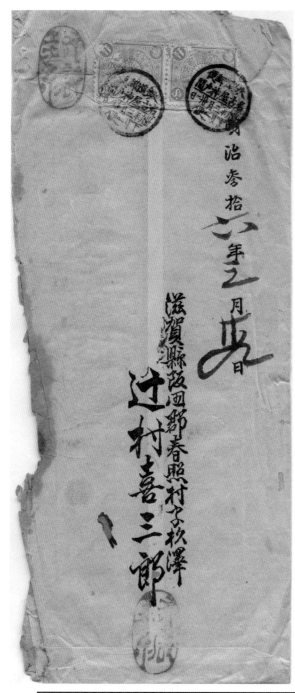

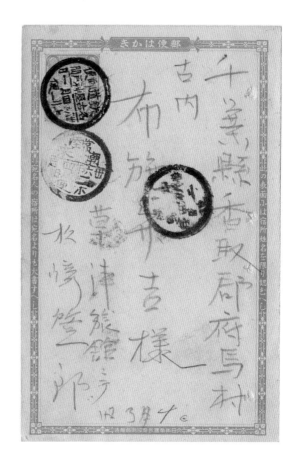

消印部（200％）

左：名古屋神戸間／下リ一便　1903年 3月31日（管轄郵便電信局係員乗務最終日）⇒ 信濃　長野
　右：名古屋神戸間／上リ一便　1903年 4月 1日（鉄道郵便局係員乗務初日）⇒ 下総　府馬

1903年 4月 1日 鉄道郵便局鉄道郵便係員乗務

東京鉄道郵便局

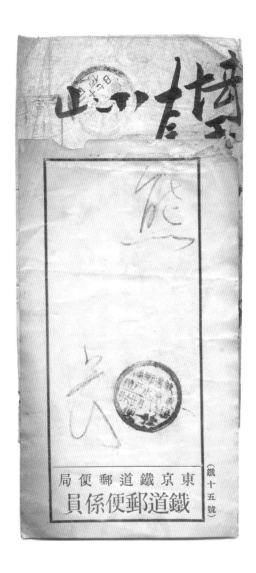

東京水戸間／上り一便　1904年 8月26日　東京鉄道郵便局／鉄道郵便係員
実際は1903年12月 5日，東京鉄道郵便局は廃止され，東京郵便局が管轄するようになっていた．
本例は旧の付箋をそのまま使用している．

1903年 4月 1日　貯金為替専用印の廃止

郵便局の丸一型縦書印使用廃止

消印（200%）

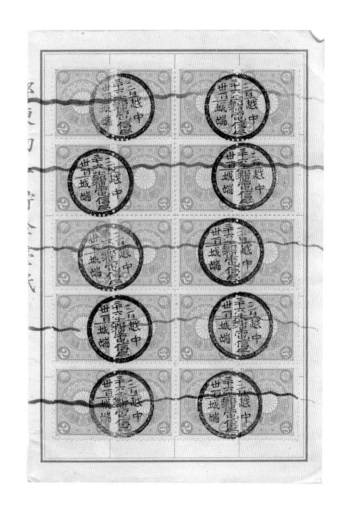

1903年 3月31日　越中　城端郵便電信局
郵便電信局の丸一型縦書印使用最終日.

貯金為替専用印の廃止

1903年 4月 1日

郵便局の貯金為替専用印の廃止：丸一型日付印に

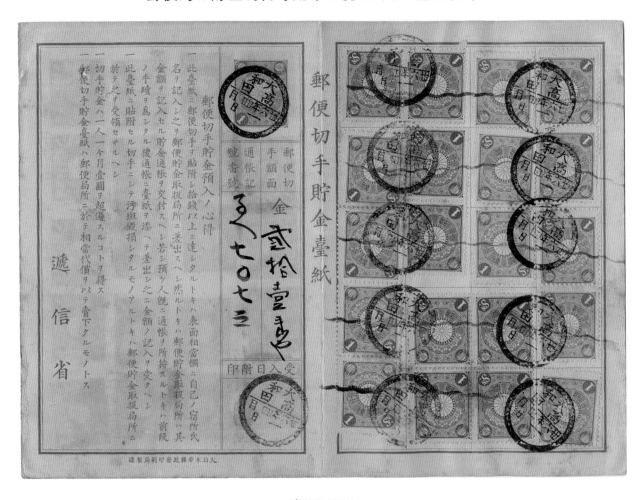

消印（200%）

1903年 4月 1日 大和 高田郵便局
丸一型便号空欄の為替貯金使用初日.

無集配二等郵便局の開設

1903年 9月16日

電信局から改定の二等郵便局（無集配）開局

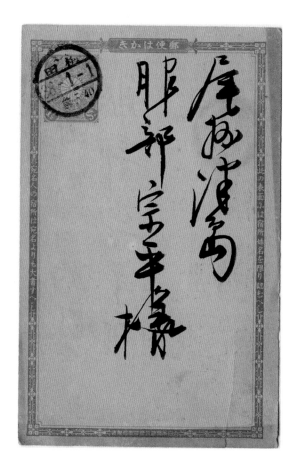 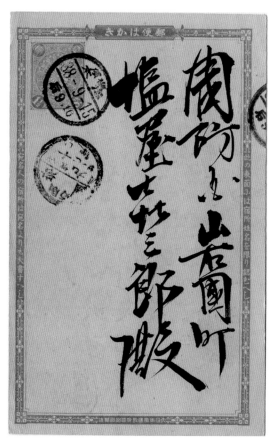

 消印（200%）

左：梅田　1905年 1月 1日（1903年 9月16日郵便局に）
右：桜木　1905年 9月15日（1904年 9月 1日郵便局に）

1903年12月　5日　　　　通信官署官制改正

東京郵便局（一等：管理・現業）の開局

消印部（200%）

左：東京中央（東京中央郵便局：二等局最終日）　1903年12月　4日
右：東京（東京郵便局：一等局初日）　1903年12月　5日

1903年12月 5日　　　郵便局係員が列車乗務

鉄道郵便局廃止

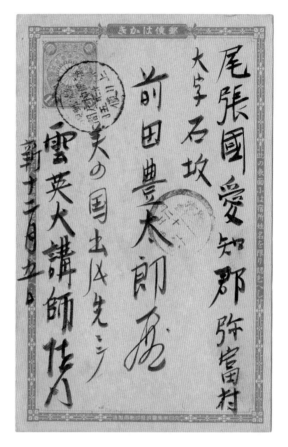

消印部（200%）

左：名古屋神戸間／下リ二便（鉄道郵便局係員乗務最終日）　1903年12月 4日 ⇒ 尾張 一宮
右：静岡神戸間／上リ便（管轄郵便局係員乗務初日）　1903年12月 5日 ⇒ 尾張 平針

1903年12月 5日　　郵便局係員が列車乗務

東京鉄道郵便局の廃止：東京郵便局に鉄道郵便係設置

裏面（80%）

封緘印部（200%）

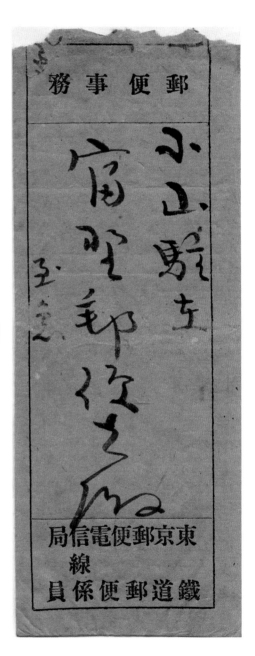

鉄道郵便／上野派出所　1906年10月 1日
三年以上前の時代の東京郵便電信局封皮使用.

1903年12月 5日　　　郵便局係員が列車乗務

東京郵便局に鉄道郵便係設置

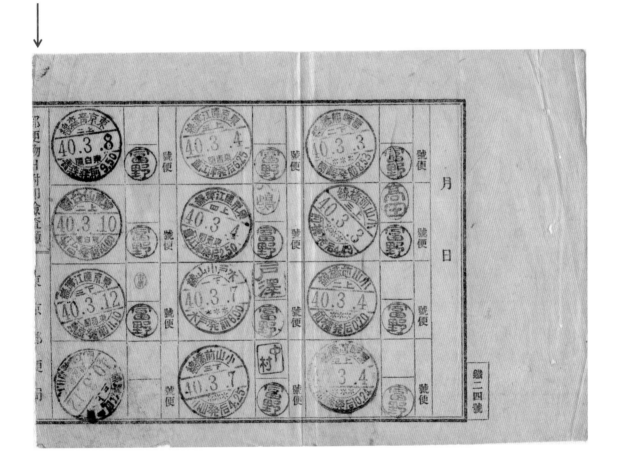

郵便物日付印検査簿　東京郵便局
東京郵便局が管理する(郵便係員が乗務する)鉄道線路印押捺

1903年12月 5日　　郵便局係員が列車乗務

青森郵便局船内係員

未納不足部（300%）

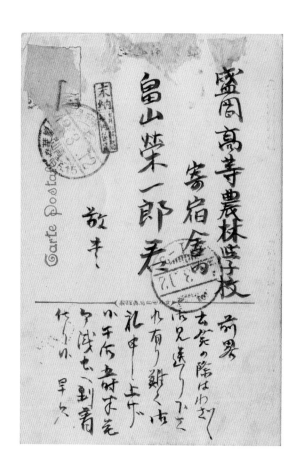

東京青森線／上　1910年 3月12日 ⇒ 盛岡
「未納／青森局　船内係員」

1903年12月 5日　　　郵便局係員が列車乗務

神戸郵便局鉄道係員

裏面（70%）

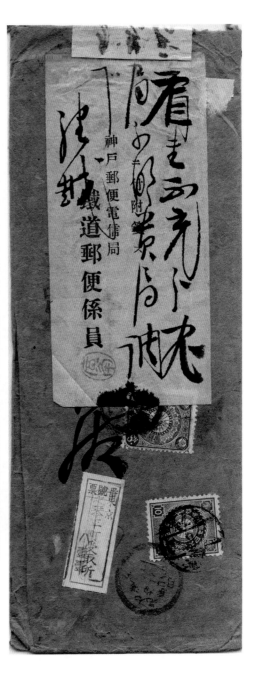

東京　芝　1904年　6月　1日 ⇒「肩書不十分宛局不明貴局調べ」
神戸郵便電信局　継越　鉄道郵便係員 ⇒ 岩見　浜田

1904年　4月　1日　　　　　電話所の廃止

電話所の廃止：郵便局に引き継ぎ

裏面（80%）

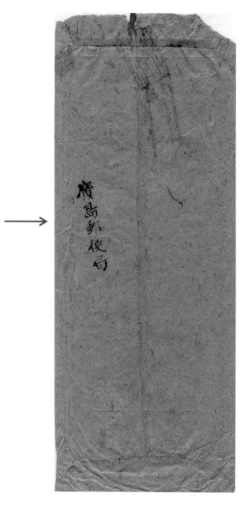

局所名	1903年 4月 1日	1904年 4月 1日	注
広島郵便電信局	郵便局	広島 郵便局	郵便局が 廃止電話 事務引継
広島電話交換局	廃止↑		
細工町電話所*		廃止↑	

　　安芸　広島　1904年　6月10日「安芸国　細工町電話所」「電話事務」を抹消の上，
裏面に「広島郵便局」印押し．*細工町電話所は廃止前に広島郵便局へ移転し，広島電話所と改称．
その後廃止されて広島郵便局に電話事務の引継ぎ．

1904年12月27日　　逓信省構内郵便局開局

逓信省構内の郵便・電信局所

逓信省構内の局所	1904年	
	～12月26日	12月27日～
電信事務	汐止電信取扱所	逓信省構内郵便局
郵便事務	取扱局所無	

潮止（逓信省構内電信取扱所）　　　　　　　　　　　　　逓信省構内郵便局

1886. 9. 8.開局　　　　1890. 5. 1.開始　　　　　　　　　　　　　　1904.12.27.開局
1890. 4.30.終了　　　　「汐留」表示　　　　「武蔵／東京潮止」表示　　　1905.10.24.使用

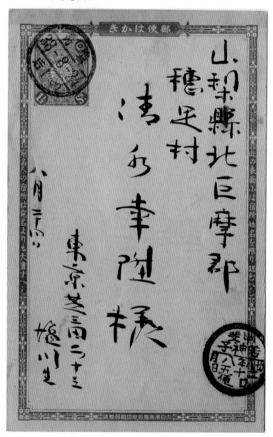

逓信省構内　1905年　8月24日 ⇒ 甲斐　若神子

1905年　4月　1日　　　通信官署官制改正

無集配三等局に局種変更

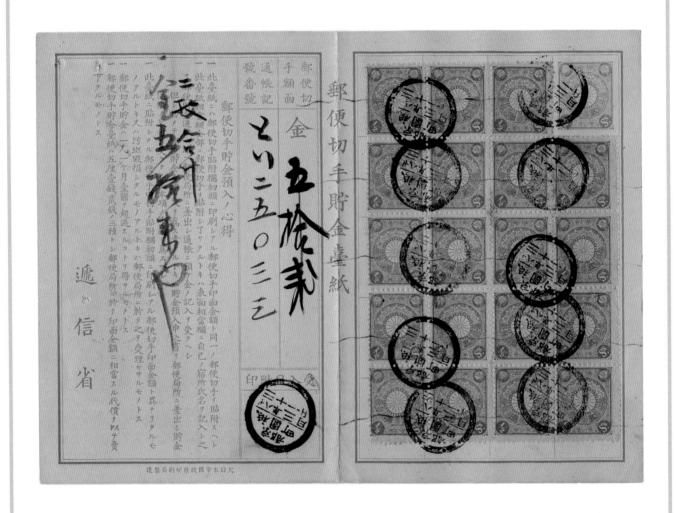

京都　祇園町　郵便電信受取所（郵便電信受取所の最終日）
1905年　3月31日

1905年 4月 1日　　通信官署官制改正

受取所が無集配三等局に局種変更

郵便電信受取所から改定

名古屋江川町	徳島通町	新潟上大川町	大阪立売堀	四日市南町	東京神田橋

電信受取所から改定

大阪富島	大阪本町	大阪靱

郵便受取所から改定

兵庫相生町五丁目

全例, 無集配三等局の開局日.

通信官署官制改正

1905年 4月 1日

無集配三等局に局種変更．　特殊取扱郵便物の抹消開始

	1905年	
	～ 3月31日	4月 1日～
局種	郵便（電信）受取所	三等郵便局（無集配）
番号票	親局名＋自局名	自局名表示
切手	未抹消・本局抹消	自局抹消

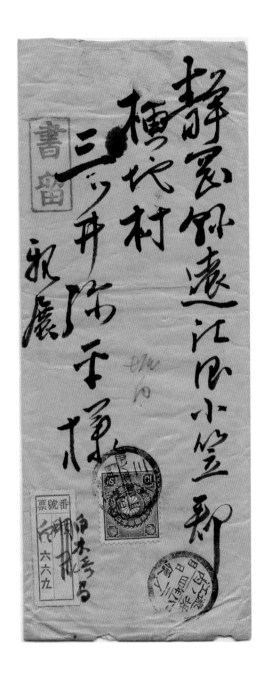

豊前 門司 1905年 4月 1日 門司白木崎局差出
この日から「白木崎」郵便局は，特殊取扱郵便物の切手を抹消することになっていたので
「白木崎」局の取扱の間違い　書留ラベルの門司を「白木崎」に訂正して親局「門司」局抹消

1905年 4月 1日　　通信官署官制改正

無集配三等局に局種変更.
特殊取扱郵便物の抹消開始

左:甲府　緑町　1905年 4月 1日
右:武蔵　東京神田猿楽町三丁目　1905年 4月 1日
両例共, 郵便物の切手抹消開始初日.

1906年 1月 1日　　　　　櫛型印使用開始

1・2等局で使用開始

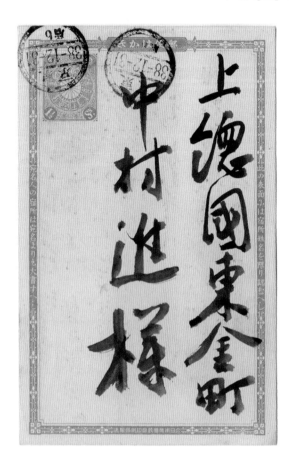 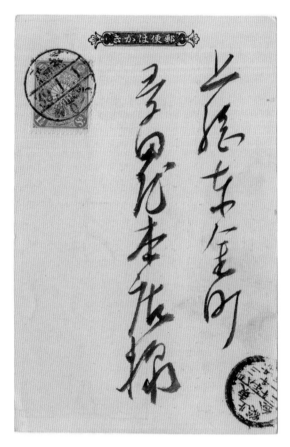

裏面（50%）

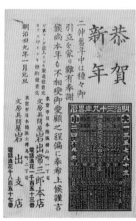

左：東京　1905年12月31日　后 6
右：東京　1906年 1月 1日　前 0 − 5（年賀特別の元旦印）⇒ 上総　東金　1905年12月31日
到着印の押印により，右例は前日差出の翌日一号便ではなく，年賀特別の元旦印であるとわかる.

1906年　1月　1日　　　　櫛型印使用開始

無集配二等局でD欄☆入印を使用.

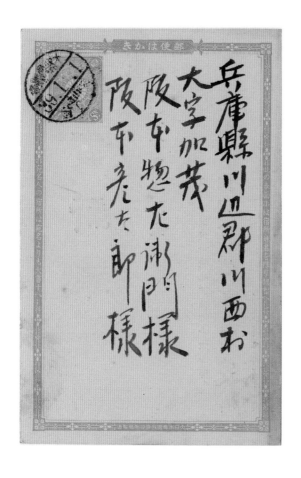
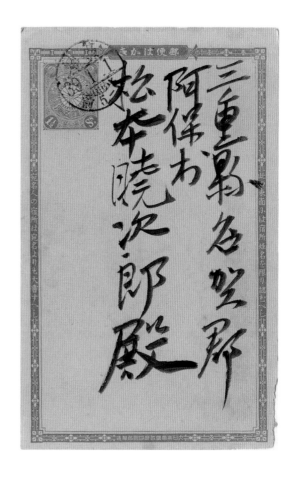

消印部（200%）

左:大坂高麗橋　1906年　1月　1日　前0-5　D欄☆
左:高輪　1906年　1月　1日　前5-6　D欄☆

1906年 1月 1日　　　　櫛型印使用開始

無集配二等局でD欄☆入印を使用.

消印部（200%）

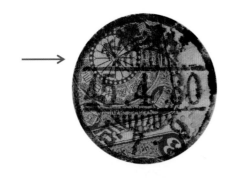

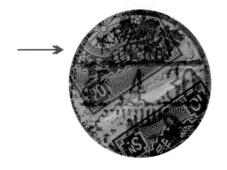

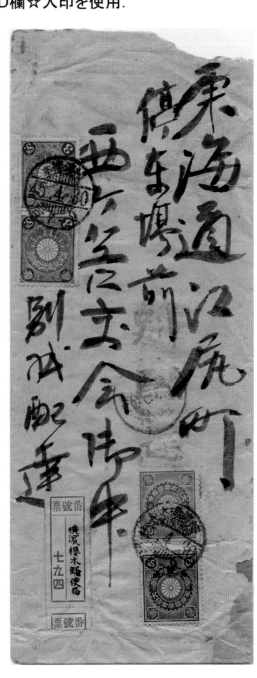

上：横浜桜木　1912年　4月30日　后 7 − 9　D欄櫛
下：横浜桜木　1912年　4月30日　后 7 − 9　D欄☆

1906年 1月 1日　　櫛型印使用開始

一等局での櫛型印（X3型）使用開始

横浜

1909. 5.10.使用
C欄　前11-后2

消印部（200%）

右：東京　1907年-1月14日　后　5- 8（X3）
東京の小包郵便課（本局分館）での使用例. 横浜の X3 型も同様と思われる.

1907年　1月22日　　　　逓信省庁舎，焼失

1907年　1月22月　2時，火災により焼失，逓信講習所で事務取扱

右消印（200%）

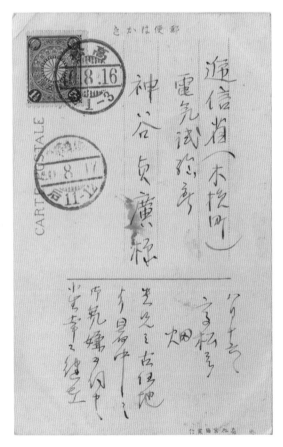

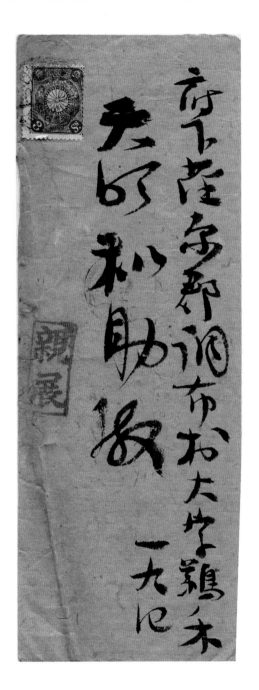

左：高松　1907年　8月16日 ⇒ 逓信省構内　8月17日　通信講習所時代の消印.
右：逓信省構内　1907年　1月22日　后 5 - 6　火災当日の午後の事務.

1907年 1月22日

逓信省庁舎，焼失

1907年 5月14日
逓信省仮庁舎を麹町区銭瓶町に落成・移転

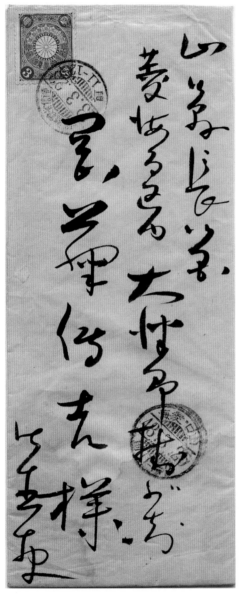

消印部（200%）

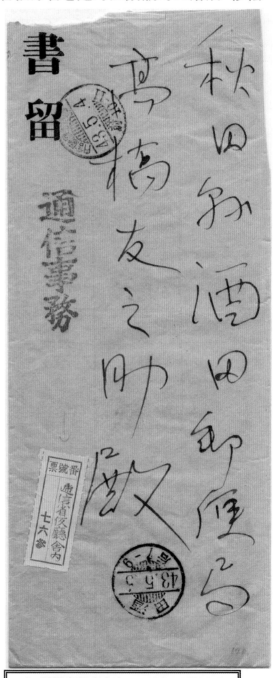

左：逓信省仮庁舎内　1910年 3月23日
右：逓信省仮庁舎内　1910年 5月 4日
翌日同局は廃止され，新築の逓信省で
逓信省構内局が開局する.

1907年　4月　1日　　　　帝国鉄道庁設置

帝国鉄道庁は逓信大臣の管理下に置かれる.

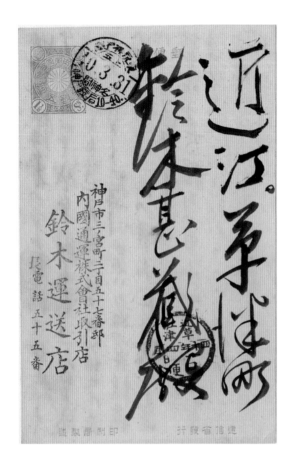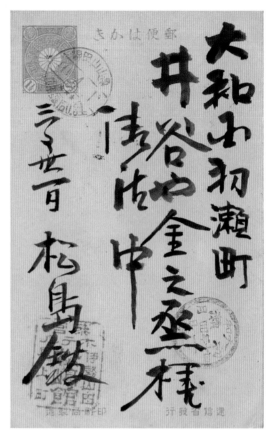

　消印部（200%）　

左：東京神戸間／上五／名神間／神戸発后10-40　1907年　3月31日 ⇒ 近江　草津
右：亀山山田間／上二／山田発后 0.34　1907年　4月　1日 ⇒ 大和　初瀬

1907年 4月 1日　　　帝国鉄道庁設置

逓信大臣の管理下に

裏面（80%）

差出人住所（200%）

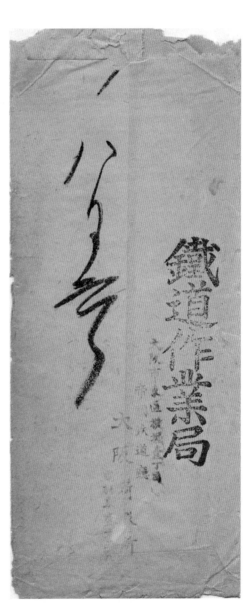

大阪　1907年　8月　6日 ⇒ 尾張　津島
「帝国鉄道庁　鉄道作業局」差出

1908年12月 5日　　　　　帝国鉄道院設置

帝国鉄道院設置により，逓信省から鉄道行政が離れる

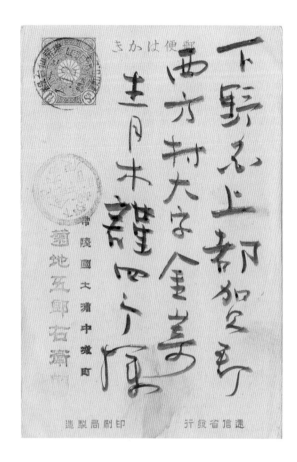

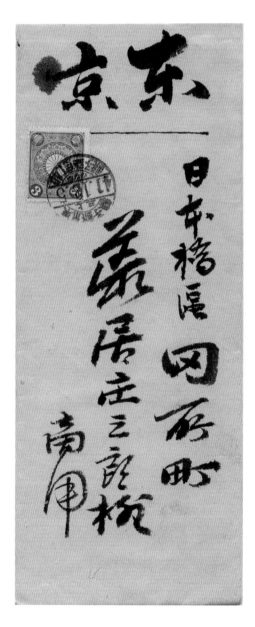

消印部（200%）

左：東京仙台線／上一／東水／仙台発前 0.23　1908年12月 5日 ⇒ 下野 金崎
右：東京銚子線／上三／銚子発后 1.40　1908年12月 5日 ⇒ 東京市内

1909年 7月24日　　　郵便貯金局開局

郵便貯金局

裏面（50%）

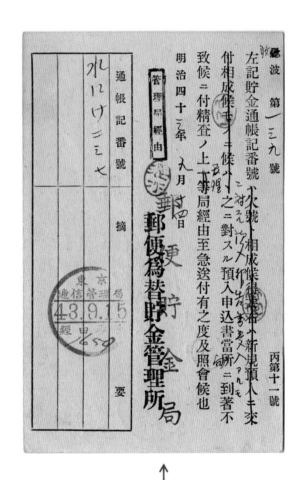

東京　1910年 9月15日 ⇒ 茨木　中根
「郵便為替貯金管理所」を抹消し，「郵便貯金局」に訂正.

1910年　1月　1日　　　　櫛型印使用開始

三等局も櫛型印使用開始

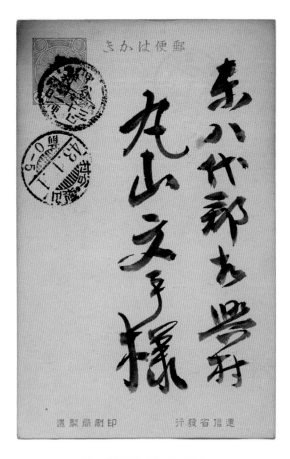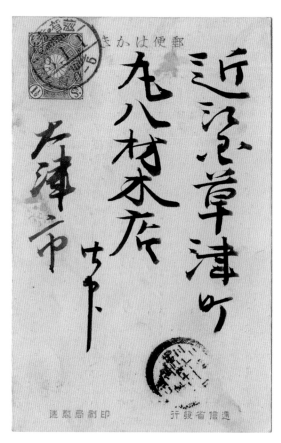

同上の裏面（50%）

左：甲斐　谷村　1909年12月31日 ⇒ 山梨・谷村　1910年　1月　1日　前0—5
右：滋賀・寺庄　明治43年　1月　1日前0—5（年賀特別）⇒ 近江　草津　42年12月31日

1910年 1月 1日　　　櫛型印使用開始

D欄☆入印抹消，E欄☆入印配達

消印部（200%）

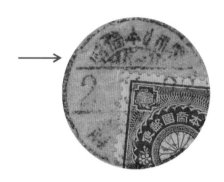

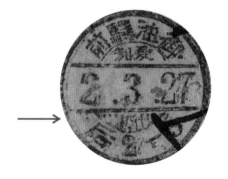

引受：東京日本橋通　1913年　3月26日　D欄☆　中継：愛知・御油　1913年　3月27日　DE欄櫛
到着：愛知／・御油駅前　1913年　3月27日　E欄☆
御油駅前局は既に集配局に改定されているが旧態の消印を使用している.

1910年 1月 1日　　　　櫛型印使用開始

C欄 X 型は三通りの時刻表示に

消印部（200%）

横浜
X1（1時間刻）
后 4 – 5

上田
X2（2時間刻）
前 7 - 9

長野・木屋
X3（3時間刻）
前 8 - 11

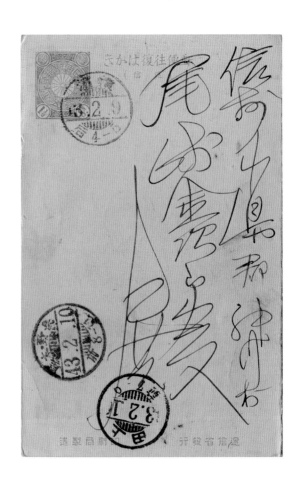

横浜　1910年 2月 9日 ⇒ 上田 ⇒ 長野・木屋

1910年 3月31日　　逓信省新庁舎落成

逓信省新庁舎落成

上：逓信省庁舎　焼失前
下：逓信省庁舎　焼失後の新築
総レンガ造，地上三階，地下一階，総建坪11,549坪，竣工1907年10月，総工費215万円

1910年　3月31日　　　　郵便貯金局庁舎落成

郵便貯金局新庁舎落成

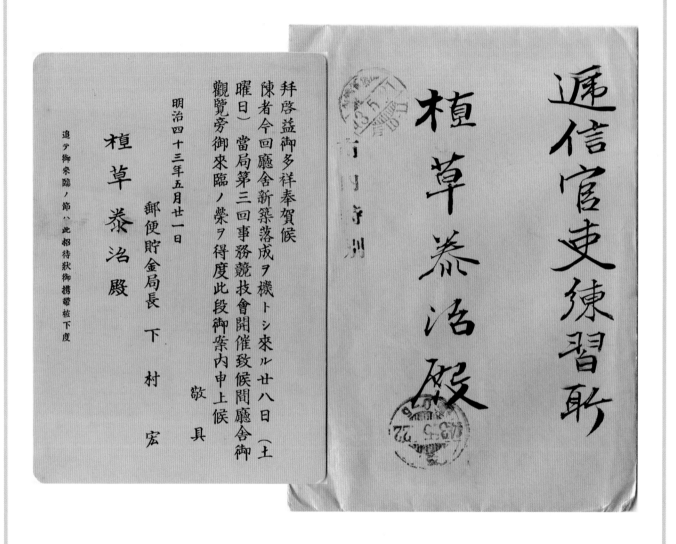

逓信官吏練習所

榎草恭治殿

拝啓益御多祥奉賀候
陳者今回廳舎新築落成ヲ機トシ來ル廿八日（土
曜日）當局第三回事務競技會開催致候間廳舎御
觀覽旁御來臨ノ榮ヲ得度此段御案内申上候
　　　　　　　　　　　　　　　　　敬具
明治四十三年五月廿一日
　郵便貯金局長　下　村　宏
　榎草恭治殿

追テ御來臨ノ節ハ此招待狀御携帶被下度

通信省構内　1910年　5月21日　⇒　芝　同封物（地図）は次頁
郵便貯金局長からの貯金局庁舎新築落成記念の事務競技会出席の依頼状
下村宏は，ポツダム宣言受諾の実現に尽力し，玉音放送の本放送前後に言葉を述べている.

1910年 3月31日　　　郵便貯金局庁舎落成

郵便貯金局新庁舎落成

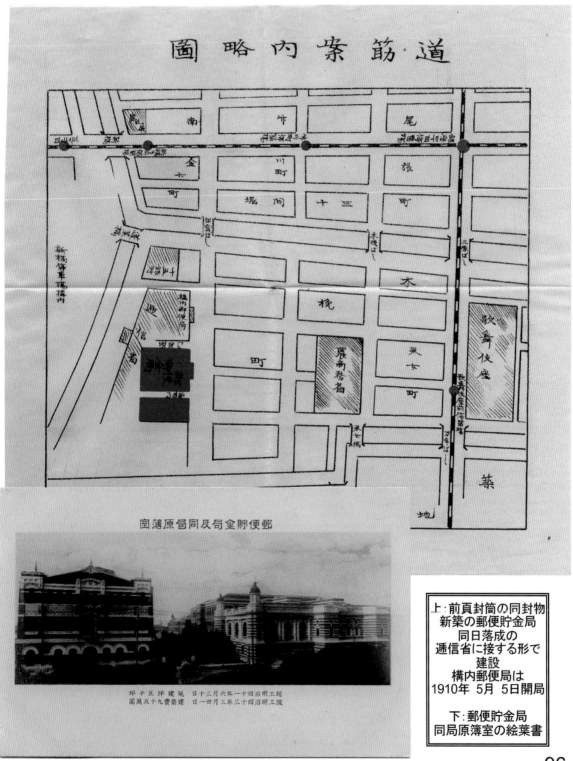

上：前頁封筒の同封物
　新築の郵便貯金局
　　同日落成の
　逓信省に接する形で
　　　建設
　構内郵便局は
1910年 5月 5日開局

下：郵便貯金局
　同局原簿室の絵葉書

1910年 4月 1日　　逓信管理局官制施行

東京・大阪中央郵便局（一等：現業）の開局

裏面（80%）

消印（200%）

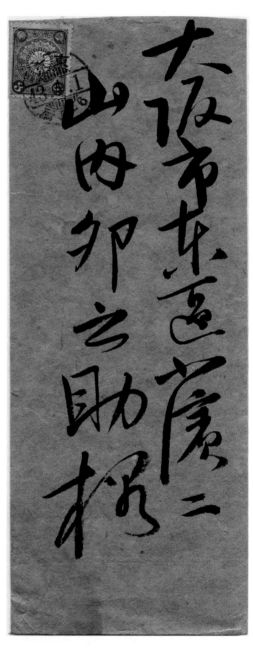

東京　1910年 4月 1日（表示は「東京」のまま）「東京中央郵便局（現業）」初日
⇒ 大阪中央郵便局開局日に同郵便局宛
大阪中央　1910年 4月 2日（表示は「大阪中央」）「大阪中央郵便局（現業）」二日目

1910年 4月 1日　　　東京逓信管理局開局

東京逓信管理局（管理）の開局

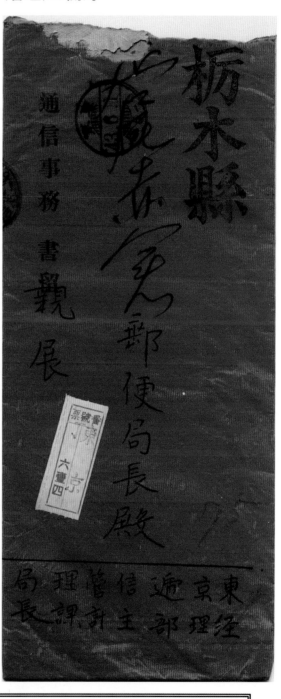

左：東京　1910年 5月 2日　東京逓信管理局差出　通信事務書留
右：東京　1910年 6月 1日　東京逓信管理局差出　通信事務書留

1910年 4月 1日　　　逓信管理局官制施行

全国を13の管理区に分け，逓信管理局を設置

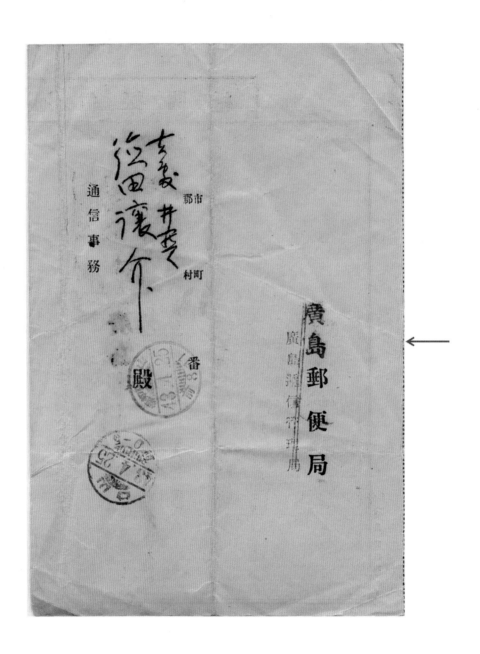

山口　1910年 4月25日 ⇒ 山口・阿智須
広島郵便局を抹消し「広島逓信管理局」押し.

1910年 4月 1日　　逓信管理局官制施行

全国を13の管理区に分け，逓信管理局を設置

裏面（80%）

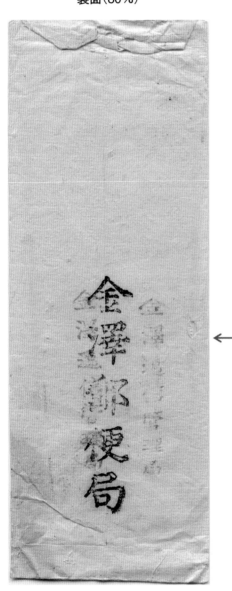

金沢　1911年 3月24日 ⇒ 石川・高浜
金沢郵便局を抹消し「金沢逓信管理局」押し.

1910年 4月 1日　　　鉄道郵便局設置

10局開局

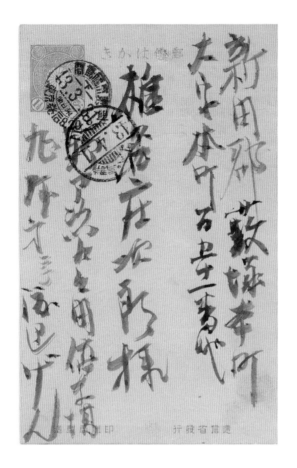

消印部（200%）

左：東京福島間／下　1910年 3月31日 ⇒ 群馬・本町　管轄郵便局係員乗務時代最終日
右：名古屋大阪線／上三　1910年 4月 1日 ⇒ 岩手・岩谷堂　鉄道郵便局係員乗務時代初日

1910年 4月 1日　　　　東京鉄道郵便局設置

東京郵便局から鉄道事務独立：東京鉄道郵便局開局

消印部（200%）

裏面（30%）

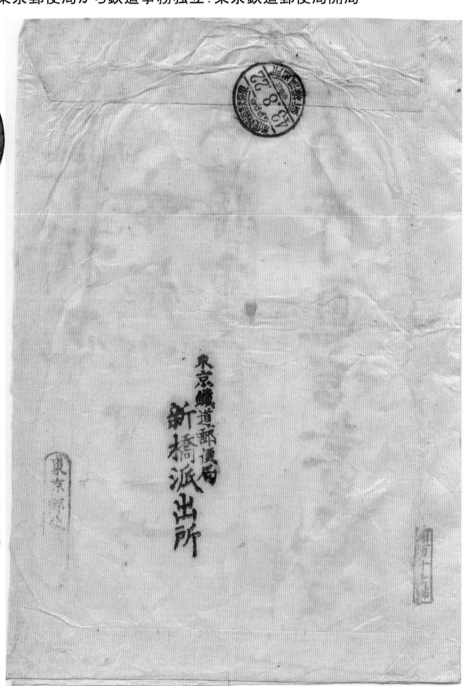

東京鉄道郵便局／新橋派出所　1910年 8月22日 ⇒ 芝 8月22日
通信事務

1910年　4月　1日　　　鉄道船舶郵便局設置

仙台鉄道船舶郵便局

裏面（80%）

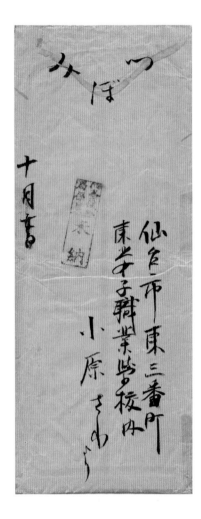

未納不足部（200%）

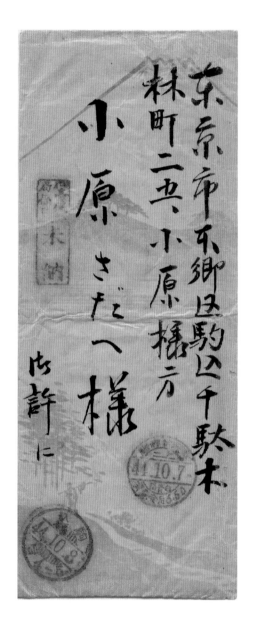

東京青森線／上二／白青間／青森発后 6.50　1911年10月　7日 ⇒ 駒込
「仙台鉄船　局係員／未納」

1910年 4月 1日

東京中央電信局

東京郵便局から電信事務独立：東京中央電信局開局

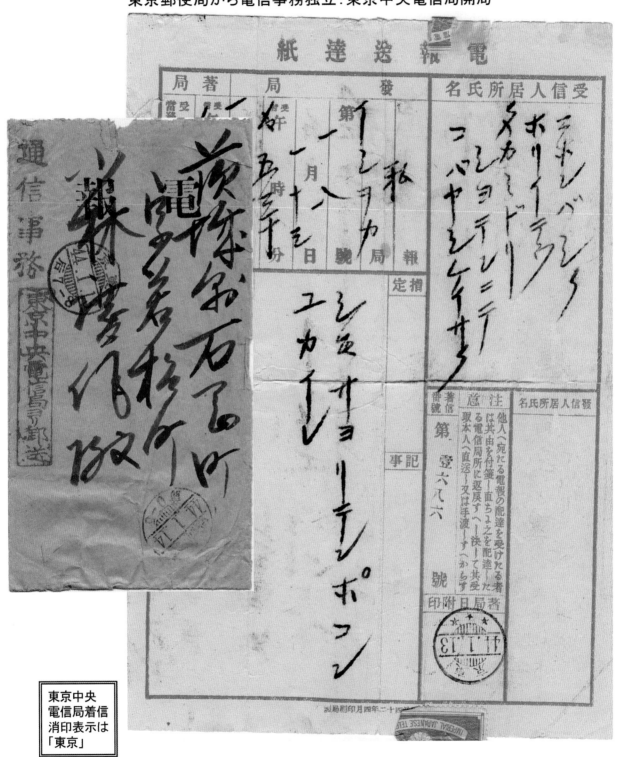

東京中央
電信局着信
消印表示は
「東京」

1910年　4月　1日　　　東京中央電話局

東京郵便局から電話事務独立：東京中央電話局開局

東京中央電話局	東京中央電話局 番町電話分局	東京中央電話局 下谷電話分局	東京中央電話局 浪花電話分局
1910. 4. 1.開局 1913. 3.31.終了	1910. 4. 1.開局 1913. 3.31.終了	1910. 4. 1.開局 1913. 3.31.終了	1910. 4. 1.開局 1913. 3.31.終了

通信事務葉書

裏面（80%）

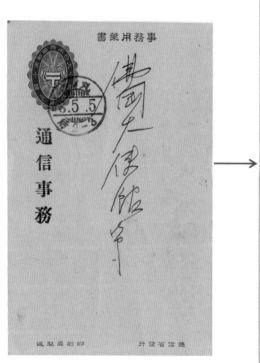

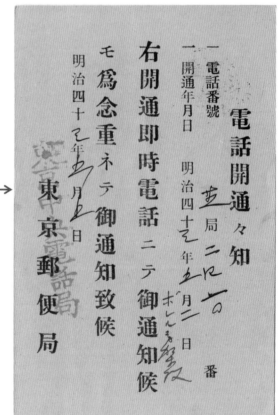

丸ノ内　1910年　5月　5日
差出「東京郵便局」を抹消，「東京中央電話局」印押し．

鉄道郵便係員

1910年10月 1日

A欄「停車場名」, C欄「郵便係員」の消印使用開始

新橋　郵便係員

1914. 3. 9.使用　　　1914. 2. 4.使用　　　1914. 1. 8.使用

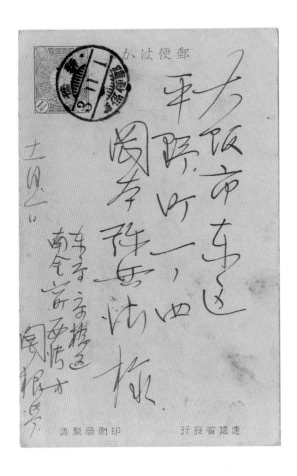

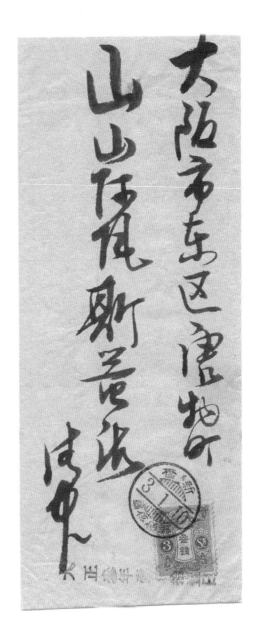

左葉書:新橋　1914年11月 1日　郵便係員　右封筒:新橋　1914年 1月10日　郵便係員
1914年12月18日　東京駅開場:新橋駅廃止に伴い業務は東京郵便係員に引き継ぎ.

1910年10月　1日　　鉄道郵便係員

1914年12月18日　東京停車場開場，A欄「東京」C欄「郵便係員」の消印使用開始

東京　郵便係員

1915. 3.30.使用
穿孔：S.F
.（セール・フレーザー）

裏面（80％）

右葉書消印部（200％）

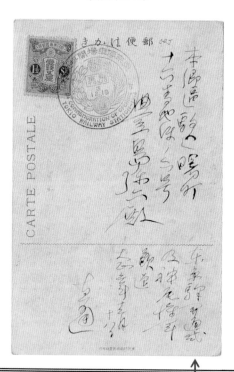

東京停車場開場記念／東京　1914年12月18日　上段：東京停車場北半部
通信文部：東京駅開通式及神尾将軍歓迎（青島からの凱旋）
神尾将軍歓迎（青島からの凱旋）に合わせて東京停車場の開業式が行われる.

1913年 4月 1日　櫛型印形式改正

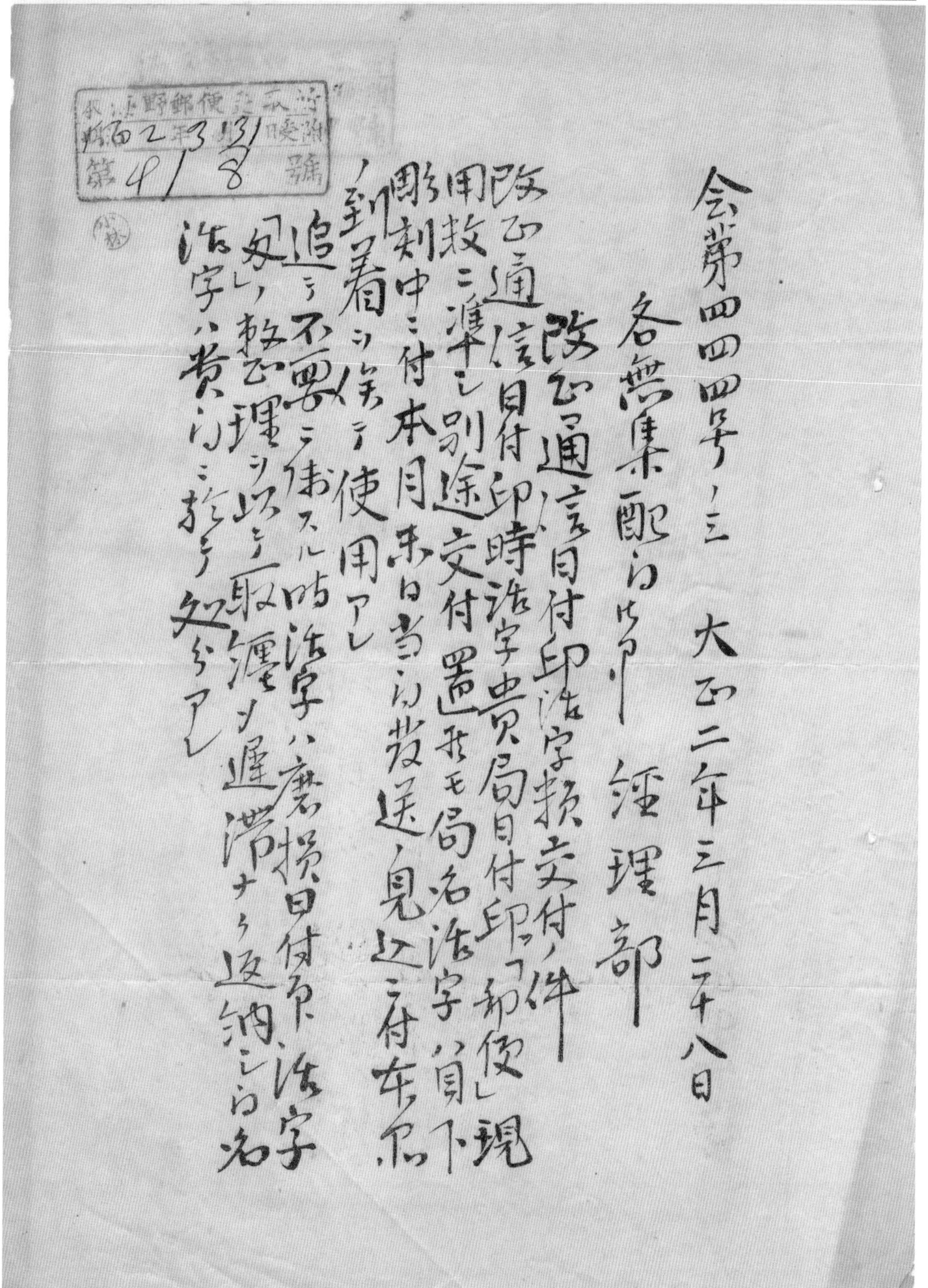

会第四四四号ノ三　大正二年三月二十八日

各無集配所長　経理部

改正通信日付印活字類交付ノ件

改正通信日付印時活字貴局日付印「郵便」現用数ニ準シ別途交付置候モ局名活字ハ目下彫刻中ニ付本月末日当所発送見込ニ付右ノ到着ヲ俟テ使用アレ

追テ不要ニ係スル時活字ハ磨損日付印ノ活字「奴」ノ整理ヲ以テ取纏メ遅滞ナク返納シ局名活字ハ貴所ニ於テ処分アレ

2年3月31日

第418號

1913年　4月　1日　　櫛型印形式改正

櫛型（Y1）使用開始

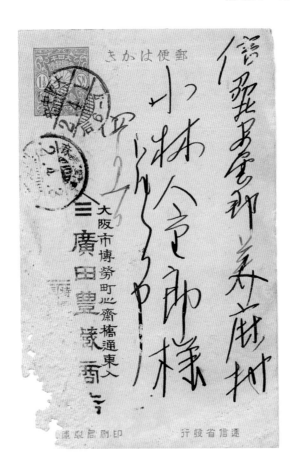 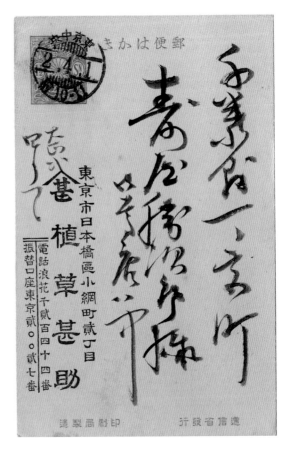

消印部（200%）

左：大阪中央　右：東京中央　1913年　4月　1日

1913年 4月 1日　　櫛型印形式改正

櫛型（Y2）使用開始

消印部（200%）

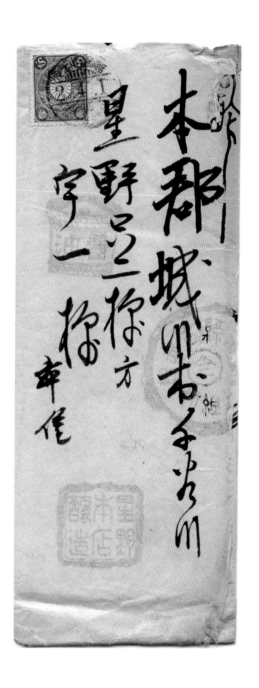

新潟・小千谷　1913年 4月 1日（后4-6）

1913年　4月　1日　　櫛型印形式改正

櫛型（Y3）使用開始

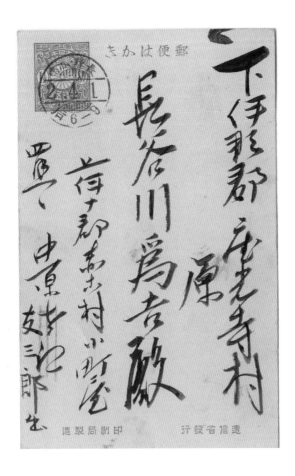 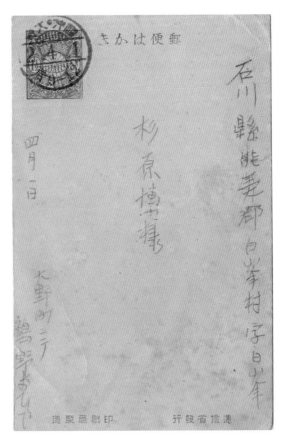

 消印部（200%）

左：長野・赤穂　1913年　4月　1日　后6-9
右：福井・大野　1913年　4月　1日　后9-12

1913年 4月 1日　　　　櫛型印形式改正

C欄 Y 型：時刻表示は三種類に

消印部（200％）

本郷
Y1（1時間刻）
前 9 - 10

千葉
Y2（2時間刻）
后 2 - 4

千葉・横芝
Y3（3時間刻）
后 9 - 12

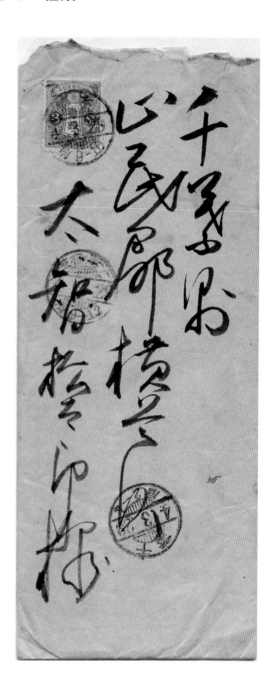

本郷　1915年 3月29日 ⇒ 千葉 ⇒ 千葉・横芝

112

1913年 4月 1日　　　櫛型印形式改正

D欄分室・分局名入

東京市内郵便局分室

小石川郵便局 大塚分室	牛込郵便局 原町分室	牛込郵便局 若松町分室	丸之内郵便局 東京駅内分室	新橋郵便局 新橋駅前分室
			1914.12.28.開局 1917. 3.31.閉局	1918. 6. 1.開局 1931. 1.20.閉局

東京中央電信局分室

東京中央電信局		東京中央電信局 蠣殻町分室	東京中央電信局 兜町分室	東京中央電信局 日本橋分室

1913. 4. 1.開始 C欄「電信局」	TOKIO CT.	D欄「蠣殻町」	D欄「兜町」	D欄「日本橋」

東京中央電話局分局

東京中央電話局	東京中央電話局 番町電話分局	東京中央電話局 下谷電話分局	東京中央電話局 浪花電話分局
1913. 4. 1.開始 C欄「電話局」	1913. 4. 1.開始 D欄「番町」	1913. 4. 1.開始 D欄「下谷」	1913. 4. 1.開始 D欄「浪花」

1913年 4月 1日　　　　　　櫛型印形式改正

東京中央郵便局日本橋分室

裏面（60%）

消印部（200%）

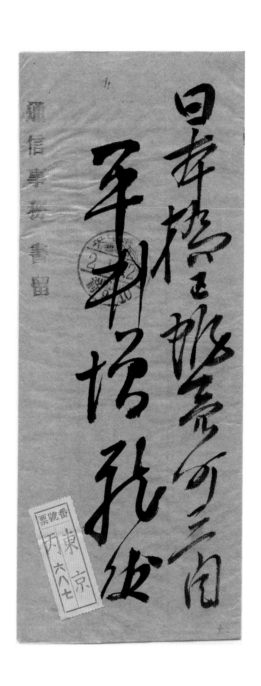

東京中央／日本橋　1913年11月27日 ⇒ 東京中央
1890年 5月，日本橋電信支局内に東京郵便局の「為替貯金課」である日本橋分室設置.

櫛型印形式改正

1913年 4月 1日

東京中央郵便局銭瓶町分室

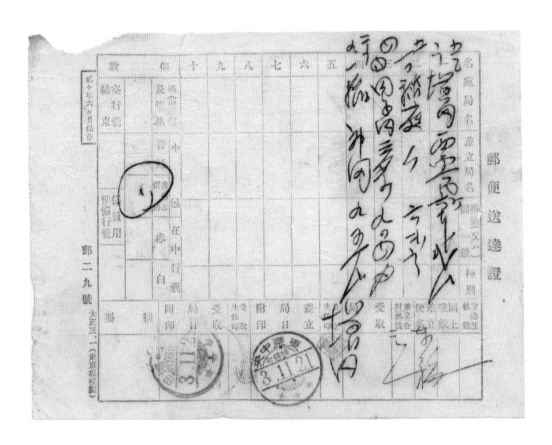

上図消印部（200%）

東京中央郵便局
銭瓶町分室

1908. 3.16.開局
1917. 3.17.閉局

東京中央／銭瓶町　1914年11月21日
1908年 1月, 小包郵便取扱のための分室を「銭瓶町」に設置.

1913年 6月13日　　　　地方逓信官署官制

五逓信局に

西部逓信局

西部逓信局

1914. 1.2-.使用
料金収納印

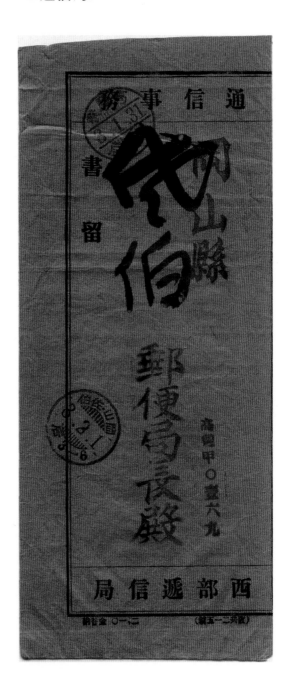

高麗橋　1914年　1月31日 ⇒ 岡山・佐伯
西部逓信局差出

116

1913年　6月13日　　　　　地方逓信官署官制

五逓信局に

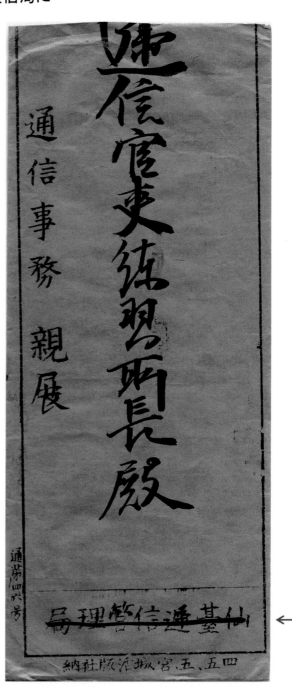

仙台　1913年　7月　4日 ⇒ 芝
「仙台逓信管理局」を抹消し，「北部逓信局」長差出.

1913年 6月13日　　　　地方逓信官署官制

五逓信局に

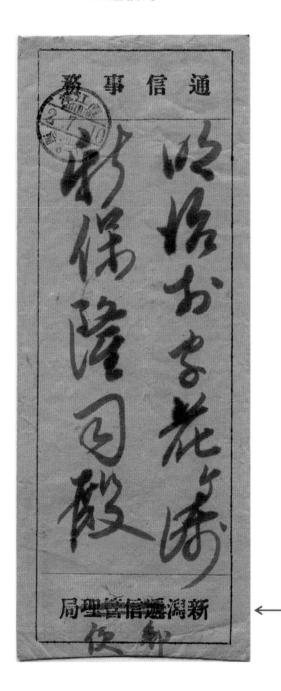

新潟　1913年　7月10日 ⇒ 直江津
「新潟通信管理局」のうち「逓信管理」を抹消し、「郵便」に訂正. 新潟郵便局差出.
新潟県は, 従前の新潟逓信管理局から東部逓信局の管理になる.

為替貯金局開局

1913年　6月13日

為替貯金局

消印部（200%）

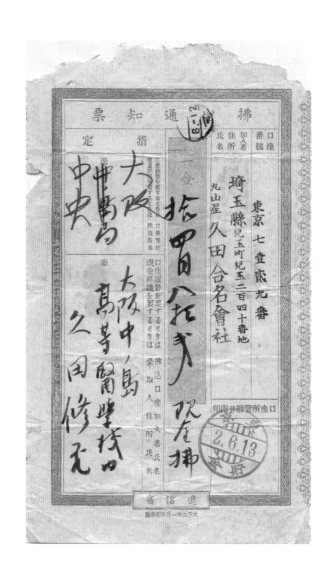

東京／貯金　1913年　6月13日
為替貯金局開局日なるも，消印表示は旧態のC欄「貯金」.

為替貯金局開局

1913年 6月13日

為替貯金局

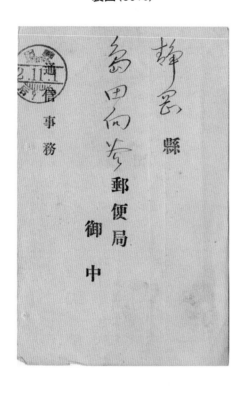

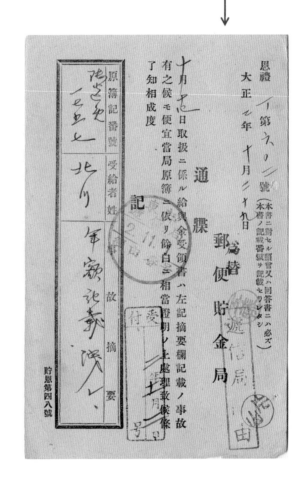

裏面（80%）

神田　1913年11月 1日 ⇒ 遠江　家山
「郵便貯金局」の「郵便」を「為替」印で訂正し、「為替貯金局」に訂正.

欧文櫛型印形式改正

1913年　6月13日

D欄分室名入

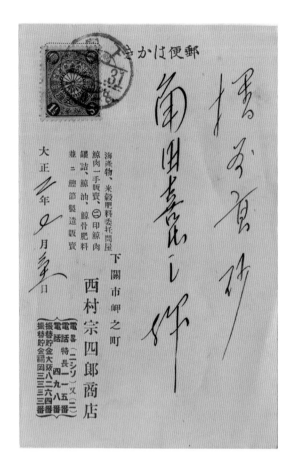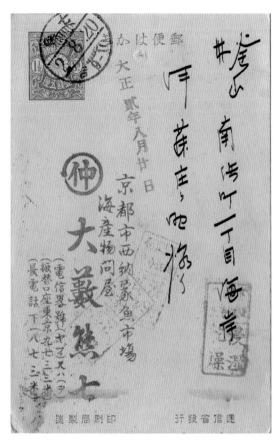

消印部（200%）

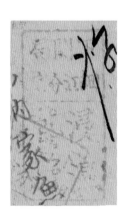

左：下関／細江　1913年　7月31日
右：七条　1913年　8月20日 ⇒ 下関局／細江分室／湿潤乾燥 ⇒ 釜山
関釜間船への乗り継ぎ郵便局は，下関郵便局細江分室である.

欧文櫛型印形式改正

1913年 6月13日

分室欧文印は「親局＋2」表示

消印（200%）

～1913年 6月12日（右は欧文印表示）	改称・改廃	1913年 6月13日～（右は欧文印表示）
下関東郵便局：SHIMONOSEKI-HIGASHI	左局を右局に改称	下関郵便局：SHIMONOSEKI
下関西郵便局：SHIMONOSEKI-NISHI（上図）	左局を廃止，右分室を新設	下関郵便局細江分室：SHIMONOSEKI2（下図）

消印（200%）

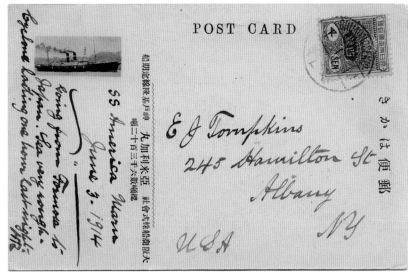

上：釜山　1912年12月10日 ⇒ SHIMONOSEKI-NISHI　12月11日 ⇒ Padova　Via Siberia
下：SHIMONOSEKI 2　1914年 6月 4日 ⇒ USA　神戸基隆線定期船亜米利加丸乗客差出便

内容証明取扱局制限解除

1913年　9月　4日

1910年11月16日長野逓信管理局から管内郵便局宛の内容証明取扱郵便局指定通知
一・二等局以外の取扱局の制限

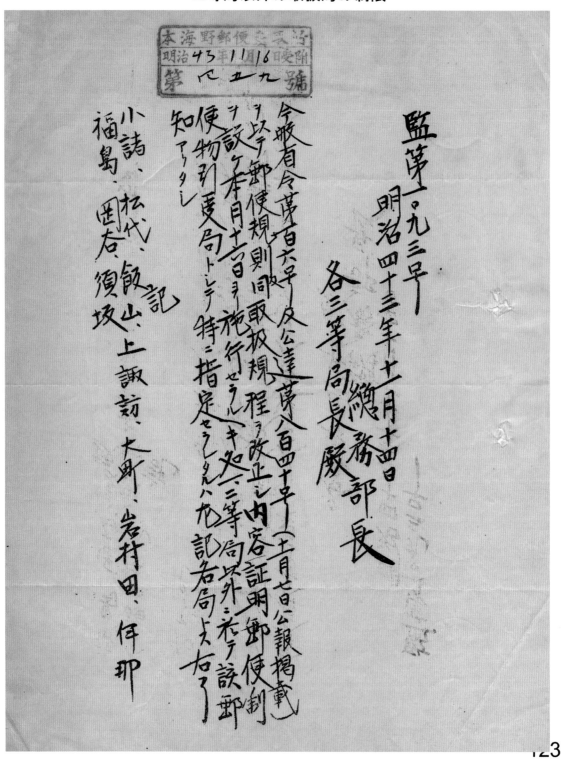

1913年 9月 4日　　内容証明取扱局制限解除

全郵便局で取扱開始

長野桜枝　1914年 5月12日（同局は無集配局. 1913年 9月 4日以後, 差出局制限廃止）
第一種料金3銭＋書留料金7銭＋内容証明料金2枚分10銭＋4銭：計24銭

貯金為替専用印の復活

1915年　6月　1日

貯金と為替の記号統一へ向けて

裏面（80%）

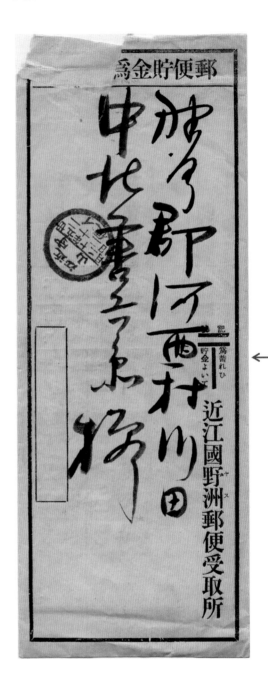

近江　野洲郵便受取所差出 ⇒ 近江・守山　1902年12月22日
中央右：記号　為替　れひ　貯金　よいて

貯金為替専用印の復活

1915年 6月 1日

貯金と為替の記号統一へ向けて

裏面（80%）

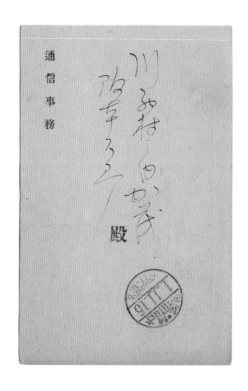

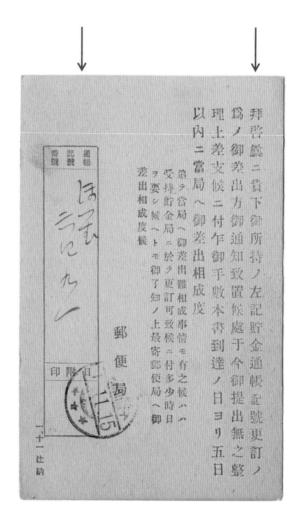

大阪・池田　1912年11月15日　貯金記号更訂の督促状
貯金記号が「ほつむ」と記載あるが，池田局の為替記号は「ほほや」．

貯金為替専用印の復活

1915年 6月 1日

貯金と為替の記号統一へ向けて

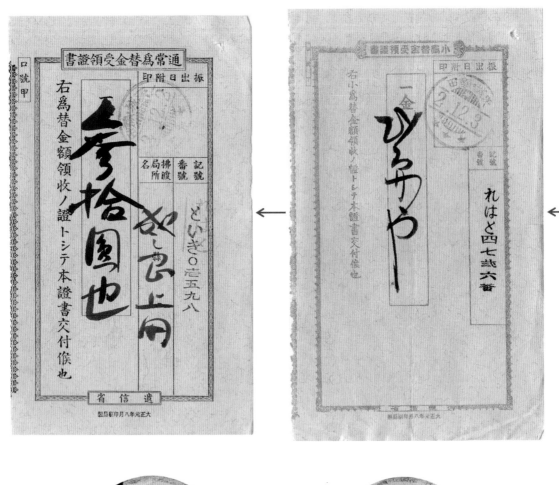

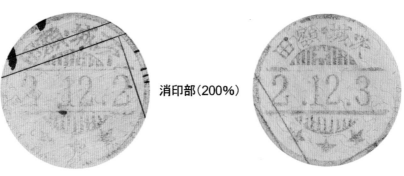

消印部（200%）

茨城・額田　左：1913年12月 2日　D欄☆無　右：1913年12月 3日　D欄☆入
D欄☆入印とD欄☆無印が混用されている.
記載番号「といき」を「れはと」に訂正.

貯金為替専用印の復活

1915年　6月　1日

櫛形C欄「為替記号」印使用開始

消印部（200%）

佐倉

1915. 6. 1.使用

消印部上：群馬・倉賀野　1915年　5月　5日　C欄★
消印部下：群馬・倉賀野　1915年　6月　1日　C欄為替記号（使用開始初日）

スタンペディア　フランス　クラシック切手カタログ 1849-1941

1849 年から 1941 年に発行されたフランス通常切手のフルカラーカタログ。

全ての切手をカラー 100％ 画像で掲載した日本語による切手カタログ。

カタログに加えて 5 つの郵趣論文も掲載（ナポレオン 3 世シリーズの楽しみ方、テートベッシュの誘惑、フランス・クラシックの主な消印、本書に掲載されていないフランス切手の調べ方、フランス・クラシックの郵便料金表）カラーコピー製

書籍名：スタンペディア フランス クラシック切手カタログ
発　行：無料世界切手カタログ・スタンペディア株式会社
体　裁：A5 判 92 ページ、カラーコピー、簡易製本
価　格：1、800 円

富士鹿・風景

全日展 2017 に出品された同作品の作品集です。原寸スキャンをカラー印刷し、各ページ下部に解説を入れました。

書籍名：富士鹿・風景
体　裁：カラー A4 判 92 ページ
著　者：吉田 敬
価　格：3、000 円

初心者コレクターによる
競争切手展に出品するリーフの作り方　＜伝統郵趣コレクション編＞

「一人でも多くの方に競争展に参加する楽しみを知っていただきたい！」

本シリーズはその想いを具現化するために企画された単行本です。ここ１０年ほどの間に収集再開した国際展エグジビターの、展示発展の様子を全リーフ掲載した上で、初心者が抱きがちな疑問を 17 の Q&A にまとめて掲載いたしました。

書籍名：競争切手展に出品するリーフの作り方　＜伝統郵趣コレクション編＞
著　者：吉田 敬
監　修：郵趣振興協会
発　行：無料世界切手カタログ・スタンペディア株式会社
体　裁：A4 判（横）、フルカラー
価　格：2、700 円

和欧文機械印の研究 第 1 期 1968-1979

2014 年以来、フィラテリストマガジンに連載されてきた水谷行秀氏の論文が一冊にまとまりました。和欧文機械印に特化し、様々なトピックについて一冊にまとまった書籍はこれが初めて。全体的な流れを郵便史の観点から押さえた上で、収集上のキーマテリアルとなる珍しい消印について紹介しています。ハンディサイズのフルカラーで、普及のため、価格も思い切った低価格で提供いたします。

書籍名：和欧文機械印の研究 第 1 期 1968-1979
著　者：水谷 行秀
発　行：無料世界切手カタログ・スタンペディア株式会社
体　裁：A5 判　約 100 ページ、フルカラー、オフセット印刷
価　格：1、500 円

無料世界切手カタログ・スタンペディア株式会社

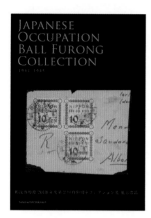

南方占領地
玉芙蓉コレクション

近年逝去された南方占領地切手の大収集家のコレクション（全てリーフに整理ずみ）が、郵政博物館で展示されることにちなみ、リーフを4分の1サイズで掲載。南方占領地切手コレクターにとっては垂涎の品の連続。専門家以外の方には南方占領地のフィラテリーの全容が理解できるようなつくりの一冊。編者はコレクション所有者の友人の守川環氏。南方占領地のフィラテリー振興のため、価格も思い切った低価格で提供いたします。2018年7月1日発行。

書籍名：南方占領地　玉芙蓉コレクション
編　者：守川環
発　行：無料世界切手カタログ・スタンペディア株式会社
体　裁：A4判156ページ、フルカラー、オフセット印刷
価　格：2、000円

追放切手
木村勝が残した資料「追放切手関係文書綴」

切手画家：木村勝は几帳面な技官であり、多くの貴重な文書を今日にのこしています。それらの多くは福島市ふれあい歴史館に収蔵されており、その中の「追放郵便切手関係文書綴」（約300ページ）について数ページでダイジェスト紹介すると共に「文献からみた勅額切手」「勅額切手の発行経緯をまとめた木村勝の自筆メモ」「切手葉書の追放に関する切手と郵便物の取扱例」の3本を掲載しています。「追放郵便切手関係文書綴」全ページPDFダウンロード権利付き（「スタンペディア日本版」会員のみ）

書籍名：「追放切手」木村勝が残した資料「追放切手関係文書綴」
編著者：横山　裕三　齋　享
体　裁：A5判　フルカラー　50ページ
価　格：1、100円（消費税込、送料別）
発売日：2019年1月15日

多摩の郵便の歴史
近辻喜一コレクション「多摩の郵便印」

国際競争切手展に出品された、地域郵便史コレクションの全ページをほぼ原寸のフルカラーで収めた書籍です。全リーフ下部に、出品者による解説が適切に配置されており、理解しやすい構成となっています。

全ページ紹介に加えて「多摩地域の郵便史」「青梅郵便局と横川貞八」の2論文を収める一冊。

多摩の郵便史を広めるべく、通常よりも安い価格設定にしました。

書籍名：多摩の郵便の歴史
編　者：近辻　喜一
発　行：無料世界切手カタログ・スタンペディア株式会社
体　裁：A4判86ページ、フルカラー、オフセット印刷
価　格：1、100円（消費税込、送料別）

南方占領地マライ切手カタログ 1942-1945

日本切手専門カタログの南方占領地の著者であり、当誌を始めとする各雑誌で連載を執筆する守川氏による南方占領地切手カタログがシリーズとして発行されることになりました。

これまでの日本の南方占領地切手カタログは、モノクロの代表図案しか掲載されていなかった為、専門家以外には理解しずらかった課題を大量の図版で解決すると共に、製造面・使用面からの解説を入れ、現在の収集家はもちろん、これから集める方にも使いやすい一冊としました。今後、他地域も刊行予定。

書籍名：南方占領地マライ切手カタログ 1942-1945
監　修：守川　環
発　行：無料世界切手カタログ・スタンペディア株式会社
体　裁：A5判　約160ページ、フルカラー、オフセット印刷
価　格：2、200円（消費税込、送料別）

無料世界切手カタログ・スタンペディア株式会社

あとがきにかえて

前島密（第一次新昭和シリーズ＆第二次新昭和シリーズ）異シリーズ異図案貼

　普通切手で複数の前島の意匠の切手だけを貼った例を探していますが，なかなか難しいです。特に普通切手の第一号である 15 銭と第二号の 1 円のみを各一枚ずつ貼る使用例は郵便料金完納の例では存在しません。となると最小券種、最小枚数でどういう例が入手できるかですが、いまだにここまでです。

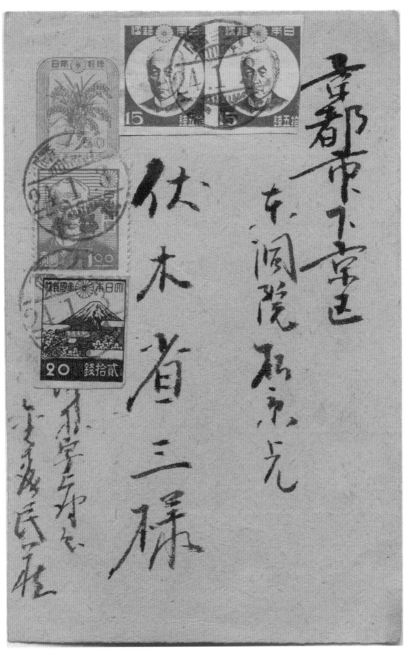

著者近影にかえて

開局初日印（1926 年）

書　名：	日本の郵便の歴史
	前島密の時代の逓信事業 1874-1915
著　者：	片山七三雄
発　行：	無料世界切手カタログ・スタンペディア株式会社
定　価：	1,500 円（消費税別）
発行数：	150 部
発行日：	2020 年 4 月 1 日